물길과 함께하는 친환경 미래의 실현

한반도 대운하 희망 스토리

물길과 함께 하는 친환경 미래의 실현

한반도 대운하 희망 스토리

한반도대운하연구회 지음

개미와베짱이

C O N T E N T S

한반도 대운하는 희망의 물길이다

아무리 시대가 변해도 결코 변하지 않는 것들이 있다. 아주 오래전 우리 선조들은 자연에 대한 깊은 사랑으로 강과 산, 나무에 이름을 붙여주고 다독이며 공존해 왔다. 그 시절의 물은 아니지만 지금도 우리 곁에는 그때 흘렀던 물길들이 변함없이 흐르고 있다. 그리고 지난 세기가 지난하게 흘러온 굽이치는 물길이었다면, 이제는 미래를 향해 전진하는 또 다른 물길이 만들어지고 있다. 바로 과거와 현재를 잇는 대운하의 물길이다.

대운하는 단순한 토목 건설 사업이 아니다. 많은 선진국들이 각자의 역사와 문화, 그리고 자연을 담은 독특한 랜드마크를 형성해 국운을 드높이고 부를 이루어냈듯이, 대운하는 우리 전통과 문화, 미래가 공존하는 새로운 장이다. 지금껏 우리는 반도 문화의 폐쇄성을 한탄하느라 수많은 가능성을 간과한 채 많은 세월을 흘려보냈다. 척박한 사막에서 최고층의 건물이 오르고 스키장이 건설되는 기적의 세기에, 천혜의 사계절과 유려한 전통 문화를 가지고도 이를 세계의 장에 선보일 생각을 하지 못했다.

이런 시기에 대운하는 잠자고 있던 국운을 일깨우는 새로운 시도가 된다. 새로운 경제 벨트로 떠오르고 있는 아시아의 중심인 한국의 미래와 역사를 상징하는 건축물이자, 더 나아가 우리 국민들의 대통합을 이뤄내는 장으로서 말이다. 그런가 하면 대운하는 환경 시대를 대비하는 최고의 대안일 뿐 아니라, 일자리 창출과 물류 정비, 관광 대국으로의 도약, 국내 IT 기술의 세계화 등을 이뤄내기 위한 경제적 분출구이기도 하다. 또한 언제나 우리 곁을 지켜 흐르는 이 땅의 물길을 소중하게 보호하고, 이와 더불어 사는 길을 열어가는 일이다. 그러나 무엇보다도 대운하가 가져올 변화는 내륙에서 시작된다. 지금껏 축복받지 못한 땅이었던 내륙이 구석구석 유유히 흘러드는 물길 속에서 새로이 태어난다. 마음속에 담아 두었던 좌절감을 씻고, 세계로 통하는 물길을 발판으로, 비단 국내뿐만 아니라 먼 곳까지 진출할 기회가 열린 것이다.

배우의 얼굴은 무대 위의 조명에 따라 달라진다. 이 책은 대운하를 비치고 있는 여러 조명들을 다룬 책이다. 단순한 경제적 가치나 눈앞에 닥칠 변화에만 주목하는 대신, 대운하로 인해 펼쳐질 장기적인 가능성과 희망까지 조심스레 담아 보았다. 최근 들어 대운하로 인해 열띤 논쟁이 진행중이다. 이는 오히려 감사해야 할 일이다. 중요한 건 그 지적들을 얼마나 넓게 포용해 얼마나 적절하게 실전에 적용시키는거다.

지난 많은 시기 우리는 분열로 인해 불필요한 힘의 낭비를 했던 경험이 있다.

이제는 함께 머리를 맞대야 한다. 보다 나은 길을 모색해야 한다. 그것이 바로 이 시대에 주어진 우리의 사명이다. 이 책은 바로 그 자리에 함께 있기 위해 만들어졌다. 한 가지 사실만은 잊지 말자. 꿈은 그것을 시도할 때만이 이루어진다.

- 한반도대운하 연구회

1장

물길로
하나 되는
땅 이야기

한반도 대운하 희망 스토리

인간은 애초에 탄생부터 홀로인 존재가 아니었다. 자연, 그 중에서 물과 공존하지 않고는 살아갈 수 없었다. 물은 인간의 생명을 유지시키는 요소로서 뿐만 아니라, 인간의 정신과 문화를 만들어냈고, 때로는 무서운 재해로 돌변해 모든 것을 파괴했다. 물은 생명의 약동을 상징하는 동시에 자연의 위대한 힘을 지닌 신이었다.

인류의 4대 문명인 황하 문명, 메소포타미아 문명, 인더스 문명, 이집트 문명은 모두 강 유역에서 탄생했다. 황하 문명은 황하에서, 메소포타미아 문명은 티그리스 강과 유프라테스 강을 통해, 인더스 문명은 인더스 강에서, 마지막으로 이집트 문명은 나일 강에서 시작되었다. 이 무렵 인류는 강 근처에서 비옥한 토지를 일구고 곡식을 거두는 등 삶에 필요한 많은 것들을 얻었다. 즉 이 무렵의 물은 인류를 먹여 살리고 키워내는 '젖줄'이었던 셈이다.

언젠가부터 인간은 수동적으로 물을 사용하는 것을 넘어, 사람의 힘으로 물길을 바꾸기 시작했다. 물길을 막아 수력 발전에 이용했던 댐이나 가뭄에 대비한 저수지 조성, 중요한 교통 항로와 문화 자원으로 자리 잡은 각 나라의 대운하 등이 그 사례. 이 모두는 자연의 혜택을 가장 효율적으로 이용하고, 그 공존하고자 하는 인류의 의지를 고스란히 담고 있다. 그 결과 새로이 탄생한 물길들은 콘크리트에 묻혀 메말라가던 인간의 정신을 온유하게 다독여 주었으며, 예전의 문명 발생지에서도 그랬듯이 풍족한 문화적 · 경제적 양식을 선물했다. 실제로 지금 운영되고 있는 세계의 유명 대운하들이 그 사실을 입증하고 있다.

21세기 험난한 도전 앞에 서있는 대한민국 역시 새로운 '물의 약동'을 준비하고 있다. 한반도 전역을 희망의 물길로 잇고자 하는 새로운 시도, 한반도 대운하 프로젝트다. 운하를 통해 끊어진 길을 잇고 번영으로 나아갔던 많은 선진국들과 더불어, 작은 나라 한반도에서도 희망의 전진이 시작된 것이다. 한반도 대운하는 새로운 대한민국의 탄생을 의미한다. 이는 오랫동안 산재했던 많은 문제들을 극복하고자 하는 상징적인 시도이자, 최대한의 경제적 가치들을 이끌어낼 수 있는 실질적인 부흥 정책이다. 명분과 실리가 손뼉을 마주쳐 퍼져나가는 희망의 노래다.

　한반도 대운하 프로젝트는 단순한 명분만을 내세우지도 않으며, 그렇다고 실리만을 강조하지도 않는다. 한반도 대운하가 가져올 희망의 노래는 이 두 가지가 함께 이루어질 때 더 널리 퍼져나갈 것이다. 지금부터 부강한 나라, 자연과 인간이 공존하는 생명 공동체 사회로 나아가기 위한 한반도 대운하의 실질적 효과들을 하나씩 살펴보도록 하자.

대한민국의 미래가 시작된다!

한반도 대운하는 '다목적' 프로젝트다. 어느 하나만을 강조하지도, 어느 한쪽에만 치중하지도 않는다. 유유히 흐르며 모든 것을 감싸 안는 물의 성질처럼 들쑥날쑥 솟은 정치·경제·문화 모든 분야의 문제점들을 아우르며 흘러간다. 그리고 그 물길의 끝은 바로 대한민국의 '미래'와 맞닿는다. 보다 아름다운 국토, 보다 살기 좋은 나라, 이 모두가 바로 한반도 대운하와 연결되어 있다.

대운하는 통일 시대의 청사진

한반도 대운하는 지금껏 만나지 못했던 한강, 낙동강, 금강, 영산강의 물줄기를 잇는 작업으로, 북한운하까지 포함한다. 전체적으로 보면 12개 노선과 북한의 5개 노선을 포함한 3,100km에 이르는 물길이며, 1차적으로는 한강과 낙동강을 잇는 경부운하, 영산강운하, 금강운하를 복원하고, 이어서

안동운하 등 나머지 운하와, 장기적으로는 북한운하까지 건설하게 될 것이다. 이 같은 운하 시설은 통일 이후 대운하를 통해 동독과 서독의 끊어진 정신을 이었던 독일의 사례와 마찬가지로, 군사분계선으로 갈라졌던 한민족의 정신을 잇고 남북이 함께 발전을 도모할 수 있는 방책이 될 것이다.

환경을 되살리는 대운하

우리의 하천은 지난 수십년간 방치된 탓에 강바닥이 높아지고 물속에서는 토사와 오염 물질이 썩고 있다. 만일 이 오염 물질을 걷어내지 않는다면 얼마 안 가 우리 하천은 죽음의 물로 변하게 될 것이다. 실제로 울산의 태화강은 오랫동안 썩어 들어가 죽음의 강이 되었다가, 퇴적된 오염 물질을 걷어내고 난 뒤, 각종 물고기들이 돌아오고 회귀성 어류 연어까지 다시 찾아오는 강으로 되살아났다. 한반도 대운하는 이처럼 오염되고 방치된 하천과 강을 친환경 생태 공간으로 변화시켜 물과 인간이 더불어 살아가는 환경을 만들 수 있는 하나의 방책이다.

대운하는 지역 개발의 공신

벨기에의 경우 공장의 약 85%가 운하 주변에 밀집되어 있다. 그로 인해 내륙 도시에서 곧바로 해외로 수출이 가능하다. 현재 우리나라 도시들 중에 광주, 나주, 부여, 공주, 청주, 밀양, 의령, 대구, 구미, 상주, 문경, 충주, 여주 등은 땅으로 둘러싸인 낙후된 내륙 지역으로 분류된다. 그러나 대운하

시대가 열리면 이 내륙도 새로운 경제 발전의 내륙항인 운하 도시로 탈바꿈할 것이다. 또한 매력적인 항구 도시로서 뿐만 아니라 산업의 중심지가 될 수도 있다. 그런가 하면 물류 혁신을 통해 물류비는 3분의 1로 절감되며, 이에 따라 공산품은 물론 농산물의 유통 구조까지 개선되어 지역의 불균형한 경제 발전을 해소시키는 데 더 없이 좋은 대안이 된다.

70만 개의 일자리를 만드는 대운하

운하 도시가 형성되면 내륙항 부근에 환경 친화적인 공단이 배치되어 낙후된 지역에 활기를 가져오게 된다. 침체된 공단은 활성화되고, 저렴한 물류비로 인해 공장들도 활발하게 움직이게 된다. 더불어 내륙 항구 근처에는 자연히 주운, 레저관광, 농수산업 등 운하 연관 산업이 발달하게 된다. 이 같은 연관 산업이 서로 발전할 경우 총 70만 개의 일자리가 창출되어 실업에 큰 대안을 제시할 수 있게 된다. 또한 이는 단순한 토목 사업을 넘어 그로 인한 부가가치 산업인 IT 산업, 선박 개발 산업, 관광산업 등을 부흥시켜 새로운 일자리를 만들어낼 가능성이 높다.

운하 건설은 세계적인 추세다

대운하 건설은 비단 오늘 내일만의 일, 한 국가만의 일이 아닌 세계적인 추세다. 유럽의 국가들을 보면 그 사실을 확실히 알 수 있다. 독일의 라인·마인·도나우 운하(RMD Canal, 171km)나 프랑스의 랑그독 운하(Languedoc Canal, 240km) 등 선진국들은 예전부터 운하를 통해 국가의 부와 균형 잡힌 발전을 이룩해 왔다. 그런가 하면 최근 들어 영국 또한 옛 운하를 복원시켜 환경과 경제적 효용을 위해 전 국민이 힘을 합쳐 노력하고 있는 중이다.

이는 미국도 마찬가지다. 현재 미국은 유럽에 못지않은 연안수로(Interacoastal Waterways, 4,800km), 5대호·세인트로렌스 운하(3,770km), 그리고 내륙운하(Inland Waterways, 42,000km) 등의 수로를 통해 고속도로의 20%에 이르는 물류를 친환경적이며 경제적이고 안전한 운송수단으로 이용하고 있다. 또한 중국의 경우는 경항대운하(1,794km) 복원을 서두르고 있으며, 일본도 관광, 레저, 문화적인 차원에서 운하를 활용하고 있다. 강이나 바다를 연결해 다양한 가치를 창출하는 운하의 효과가 바로 증명되고 있는 셈이다.

그렇다면 우리의 현실은 어떤가? 영산강을 예로 들어보자. 영산강하구언이 만들어진 이래 30년 간 영산강은 온갖 쓰레기와 생활·축산오폐수로 만신창이가 되었다. 이는 초고속 성장 가도를 달려온 우리의 근대가 만들어낸 병폐가 아닐 수 없다. 우리가 육로와 항공로의 속도감에 취해 있는 사이, 강이나 수로는 병들어 버렸다. 또한 이 같은 빨리빨리 문화가 만들어낸 경쟁적 속도 전쟁은 운하나 뱃길 복원에 대한 부정적인 인식을 낳았다. 그러나 석유 한 방울 나지 않는 우리가 언제까지 소비 과잉에 춤추며 한탄만 해야 하는 것일까?

대운하는 인간과 자연이 균형을 이루려는 값진 노력이다. 죽어 있는 물길을 다시 살려내고, 이질적인 가치와 문화들이 소통하는 길을 만드는 일이다. 유럽이 경제공동체를 거쳐 유럽연합으로 발전할 수 있었던 저변에도 각 나라간 다양한 문화와 삶의 방식을 이해하는 든든한 소통로가 되어준 운하가 존재했다. 이제 한반도 대운하는 단순히 배가 다니는 뱃길이 아니라 지금까지 나라를 병들게 했던 지역 간 갈등, 정치적 반목, 근 10년째 제자리걸음인 국민소득 등 대한민국의 미래를 얽매고 있는 낡은 사슬을 녹이는 '물의 용광로' 가 될 것이다.

운하는 '파는 것' 이 아니라 '잇는 것'

행정 계획이라는 것은 늘 크고 작은 반목을 만들어낸다. 그것을 계획하는 단계에서도 실천하는 단계에서도 호락호락할 수가 없다. 그러나 그런 작은 비판과 반목이 결과적으로는 더 나은 완성에 힘이 되는 경우가 많다. 그것은 한반도 대운하 프로젝트도 마찬가지다. 한반도 대운하 계획은 그야말로 많은 오해 속에서 탄생했다. 그 중에서 가장 크게 대두된 오해는 "대운하야 말로 한반도의 물길을 마구 파헤쳐 환경을 파괴하는 사업이다" 는 주장이다. 그러나 이는 대운하의 기본 개념을 알면 해결될 수 있는 문제다.

사실상 운하는 물길을 연결하는 작업으로서 환경 파괴의 위험은 극히 미미하다. 무작정 뱃길을 파헤치는 것이 아니라 기존의 하천을 재정비해 추가 용지매입을 최소화하는 동시에 자연하천을 최대한 그대로 활용하는 일이기 때문이다. 이는 수자원 관리와 하천의 정비ㆍ관리효과를 가져와 생태운하를 건설하는 것이 그 목적이다.

그동안 우리나라의 하천은 효율적으로 관리되지 못했다. 그러다보니 매년 반복되는 홍수로 그동안 강둑만 높이 쌓아왔다. 여기에다 앞으로 2017년까지 홍수치수사업비로 20조원이 예상되고 있으며 수질개선비는 2015년까지 20조원이 예상되고 있다. 이제는 홍수피해비용이나 하천관리비용, 수질개선비용이 중복투자없이 개선되어야 한다. 그래서 하천관리, 수질관리 체계화로 국민의 생명과 국민의 혈세를 막아야 한다. 이러한 문제를 해결하는 길은 운하가 유일한 대안이다.

현재 한반도 대운하 구상의 핵심은 수도권과 중부, 영남을 관통하는 총 길이 509km의 경부운하다. 그런데 이 전체 509km 가운데 터널을 뚫어 연결하는 것은 구간은 53km일 뿐, 나머지는 모두 현재의 강을 그대로 이용한다. 즉 대운하는 기본적으로 하천을 파내는 것이 아니라 연결해가는 작업이라고 할 수 있다. 한강 구간은 한강 하구의 용강 갑문부터 서울 잠실 갑문, 경기도 팔당 갑문, 경기도 여주 갑문, 경기도 강천갑문, 충주 조정지 갑문, 충주 리프트 사이 사이의 총 6개의 구간으로 이루어지는데, 각 구간마다 해발 고도가 달라 갑문과 수중보로 수위를 일정하게 조절해줘야 한다. 이 중에 잠실 갑문, 팔당댐, 충주 조정지댐은 이미 설치돼 있는 만큼 그대로 사용할 수 있다. 즉 추가로 설치해야 할 시설은 보 3개, 갑문 7개뿐이다. 낙동강 구간은 조령산부터 낙동강하구언까지 약 265km에 이르는 구간이다. 여기에는 약 50m의 수위를 극복하기 위하여 6개의 수중보를 만들 예정이다. 영산강운하와 금강운하는 약 3개씩 수중보가 들어설 예정이다.

이는 한반도 대운하가 국토 물길을 파헤쳐 수많은 골재를 낭비하고 생태계를 파괴한다는 우려가 지나친 걱정이라는 사실을 반증한다. 사실 이런 우려가 나오는 것도 무리는 아니다. 통일 이후 우리나라는 근 반세기에 걸쳐 개발 위주의 역사 속에서 발전해왔다. 그간 이루어진 육로 공사들은 대개 산을 무리하게 깎아내리는 등 있는 그대로의 자연을 최대한 살리려는 선진형 공사들과는 거리가 멀었다. 당장의 이득이 미래의 환경 보존보다 우선하는 가치로 인정받았기에 국토의 많은 부분이 훼손되었고, 더불어 개발에 대한 우려와 반감도 점점 더 강해졌다. 이런 상황에서 대운하 건설에 대한 우려가 생기는 것도 자연스러운 일이다.

실제로 대운하 건설 프로젝트가 발표되면서 많은 찬반론이 오갔다. 하지만 이는 다행한 일이다. 우려와 비판은 외면해야 할 대상이 아니라 적극적으로 설득하고 수용하며 합의점을 찾아가야 할 부분이며, 모두가 머리를 맞대고 지혜와 기술을 짜내는 기회로 볼 수 있다. 미래를 향한 새로운 본보기를 만드는 일은 언제나 중요하다. 한반도 대운하 프로젝트는 그런 의미에서 21세기의 포문을 여는 새로운 비전을 제시할 것이며, 자연과 타협하고 공존하며, 무리한 신설 공사 대신 있는 자원과 시설을 최대한 활용하는 새로운 형식의 대형 프로젝트로서 새로운 장을 제시하고 있기 때문이다.

잠깐 Q&A

운하! 오해를 넘어 진실로

Q : 우리나라는 3면이 바다인데 운하가 왜 필요한가요?

A : 대운하를 가지고 있는 영국의 경우도 4면 모두가 바다입니다. 또한 이태리도 3면이 바다인 반도 국가이지요. 하지만 이들 역시 수천, 수백 km에 달하는 운하를 가지고 있으며, 이를 통해 많은 경제·문화적 혜택을 얻고 있습니다. 내륙 운하의 경우는 태풍 등의 재해에 큰 영향을 받는 바다에 비해 이동과 도착 시간이 정확할 뿐 아니라 안전합니다. 또한 많은 이들이 운하를 컨테이너로 옮기는 것이 전부라고 생각하는데, 이는 잘못된 생각입니다. 운하는 단순히 물류 이동만 하는 것이 아니라, 낙후된 내륙 지방 곳곳에 터미널을 만들어 뱃길을 내는 일입니다. 그리고 그 터미널은 내륙 안에 하나의 항구 도시를 조성해 해외로 뻗어나갈 수 있는 거점이 될 것입니다.

Q : 운하는 환경을 파괴하지 않나요?

A : 환경을 가장 중시하는 것으로 잘 알려진 유럽 국가들도 대다수가 현재 운하가 있습니다. 이는 온실가스의 주범인 트럭의 고속도로 운송을 줄이고 운하 사용을 적극적으로 권장하는 마르코 폴로 정책에서 기인한 것입니다. 현재 전 세계는 지구온난화와 전쟁중입니다. 우리나라 또한 교토 의정서에 의해 2013년부터는 의무적으로 탄소 배출을 줄여야 합니다. 1990년 이후 세계 최고 수준의 탄소 배출량을 보이고 있는 환경 파괴 주요 국가로 분류되었기 때문입니다. 이런 상황에서 배기가스를 줄이고 연료비까지 절감하는 운하 건설은 오히려 환경오염을 줄이는 훌륭한 대안이 될 것입니다.

Q : 경부운하는 국민 세금 14조를 사용할 만큼 경제성이 있나요?

A : 경부운하는 국민 세금으로 하지 않고 민간기업이 투자하므로 세금을 걱정할 필요가 없습니다. 그리고 대운하 건설 비용에 앞서 살펴봐야 할 부분이 하나 있습니다. 바로 우리가 물 관리를 위해 매년 지출하는 비용입니다. 우리나라는 향후 2015년까지 한강과 낙동강 수질개선 비용으로 20조, 2017년까지 하천 관리 비용으로 20조가 예정돼 총 40조를 지출할 예정입니다. 여기에 매년 홍수 피해 복구 비용만도 6~7조가 필요합니다.

하지만 운하가 건설되면 수질개선과 하천관리가 체계적으로 이루어지게 되고 홍수 방지 기능까지 수행하게 되어, 환경적인 면에서 최소 20조 원 이상의 국민 혈세를 줄일 수 있습니다. 여기에 물류비 절감, 대기오염 개선, 도로혼잡비용 절감, 관광산업 촉진, 내륙지방 개발 등 새롭게 생겨나는 부가가치들 또한 놀랄 만큼 큽니다.

Q : 강바닥에서 골재를 채취하면 환경을 파괴하지 않나요?

A : 대운하는 강바닥에 쌓인 오염 물질을 걷어내는 것부터 시작합니다. 즉 오히려 원래의 하천 상태를 복원하는 작업인 것입니다. 실제로 부산의 온천천, 서울의 청계천, 울산의 태화강, 포항의 형산강 등은 바닥의 오염원을 걷어낸 뒤 맑은 물줄기를 자랑하고 있습니다. 또한 산에서 골재를 채취하는 모습을 생각해봅시다. 닥치는 대로 붉은 땅을 파헤치고 나무를 걷어내는 일이야말로 환경 파괴가 아니겠습니까? 반면 강바닥 골재 채취는 오염원을 걷어내는 과정에서 자연스럽게 얻어지게 되므로 환경파괴를 야기하지 않습니다. 지금 우리나라의 하천은 파내야 합니다.오랫동안 골재와 오염물질이 쌓여 조금만 비가 와도 홍수가 납니다. 따라서 강바닥을 준설해 물 깊이를 조장하는 대운하 건설은 홍수예방은 물론 환경오염, 수질오염을 줄이는 환경보호 사업입니다.

2 장

21세기 자전거, 준비된 대한민국을 달리다

자전거와 함께 한 여행 보고서

자전거는 요즘 시대로 치면 '자동차'라고 할 법하다. 쌩쌩 내달리는 차들과 대륙을 가로지르는 비행기도 있는데 굳이 자전거를 고집하는 사람들이 있다. 나도 그 중에 한 사람이다.

내가 자전거와 첫 인연을 맺은 것은 국회의원이 되기 전인 약 15년 전의 일이다. 젊은 시절 이래저래 바쁘게 살면서 면허 딸 생각조차 못했고 자동차 살 돈도 없었다. 결국 뚜벅이로 살다가 첫 선거를 치르면서부터 자전거를 타게 되었다. 그 뒤에 면허를 따긴 했지만 자전거는 여전히 내 곁에 머물러 있었다. 어울려 노는 것도 안 좋아하고, 폼 나게 여행을 할 시간도 없는 나로서는 자전거야말로 유일한 친구이자 휴식처였다.

자전거는 기본적으로 겸손하고 따뜻하다. 나지막한 담길 위에 오롯이 핀

꽃들, 순박한 웃음을 지닌 나그네들 모두를 조용하게 스치며 지나간다. 좀 빨리 달려도 누구를 크게 다치게 하지 않는다. 차를 몰거나 오토바이를 모는 것보다 돈도 안 든다. 그런 의미에서 자전거는 내게 소박함과 겸손을 가르쳐준 고마운 탈것이었다.

지난해 이 자전거를 타고 국토여행을 떠난 적이 있었다. 여행의 시작은 부산의 낙동강 하구언에 있는 을숙도였다. 물길을 따라 국토를 돌아보고 싶은 생각에서였다. 낙동강과 한강을 따라 서울 여의나루까지, 한반도 대운하가 생길 물길을 따라 달린 거리는 총 568km. 이 여행은 그야말로 나와 일행들에게 많은 것을 남겨주었다. 물길이 흐르는 우리 땅이 어떻게 숨쉬고 어떻게 자신을 가다듬어 가는지를 알 수 있었다.

무엇보다도 가슴 아픈 것은 바로 낙동강의 모습이었다. 농축산폐수, 농약 등으로 오염되고 체계적 관리도 안 되는 상황에서, 낙동강은 시름시름 앓고 있었다. 또 강변에 우거진 숲은 온갖 오염 물질로 악취를 풍겼다. 강은 우리에게 단순한 자연이 아니다. 이익의 《성호사설》을 보면 낙동강을 이렇게 그리고 있다.

"영남의 큰물은 낙동강인데 사방의 크고 작은 하천이 일제히 모여들어 물 한 방울도 밖으로 새어나가는 법이 없다. 이것이 바로 여러 인심인데 뭉

치어 반드시 화합하고 일을 당하면 힘을 합치는 이치다."

이처럼 사람의 마음을 합쳐주고 평온하게 다독여줬던 강줄기는 이미 피폐해져 있었다. 가장 큰 이유는 바로 주먹구구식의 하천 관리였다. 그저 양쪽 둑을 넘치지 않게 하는 데 관리가 치중되어 있었던 것이다. 그러나 더 효율적이고 환경적인 관리를 위해서는 뉴치와 하천 모두를 관리하고 활용하려는 노력이 필요하다. 또한 댐을 쌓으면 바닥에 끊임없이 퇴적물이 쌓이는 만큼 이를 걷어주는 일이 반드시 동반되어야 한다. 그러나 낙동강은 댐만 덜렁 건설하고 그 이후의 관리는 소홀했던 것이다.

자전거를 타고 물길을 따라가면서 무엇보다도 과연 어떤 것이 낙동강을 살리는 진짜 길인가를 생각했다. 그리고 강둑만 높이 쌓는 것이 아니라, 강을 준설하고 물길을 유도해 강을 이용해야 한다는 결론을 내렸다. 강과 인간이 더불어 살아가는 '치수의 철학'이 필요한 것이다. 자전거 여행 끝에 나는, 바로 그 답을 찾아내는 것이야말로 지금 이 시대를 살아가는 우리에게 주어진 중요한 과제임을 깨달았다.

그곳에 생명이 있었다

을숙도에서 여의도로 이어지는 5일간의 여행에서 최종 종착지는 여의나루였다. 여의나루는 아주 오랜 옛날 마포와 여의도를 잇는 나루터였다. 즉 물길이 드나드는 중요한 곳이다. 이 여의나루도 비록 그 옛 모습은 사라졌지만, 아직 도심 한가운데에서 선착장 역할을 든든히 해내고 있다.

여의나루 근처를 지나면서 문득 서울역에서 배를 타는 상상을 해보았다. 서울역은 수많은 열차들이 모여드는 곳이다. 하루에도 수많은 여행객들이 열차에 몸을 싣고 이 땅 곳곳으로 떠난다. 그 자리에 또다시 물길이 생긴다면 어떨까? 도로가 아닌 돛단배를 타고 전국을 여행할 수 있는 날이 오지 않을까? 그 생각을 하자 문득 가슴이 벅차올랐다. 사실 낙동강에서 처음 이 이야기를 했을 때만 해도 이것은 뜬 구름 잡는 이야기로만 생각했다. 그러나 여의나루에 도착하는 순간, 우리는 새로이 열리는 물길의 꿈을 보았다.

물이 들고 나는 곳에는 늘 생명력이 넘친다. 그리고 여의도 역시 더 없이 활기찬 분위기였다. 수많은 사람들이 우리처럼 자전거를 타고 강변도로를 달리고 있는가 하면 꽃구경을 나온 가족들과 젊은이들이 한가로이 잔디밭을 거닐고 있었다. 선착장에는 물길 위에 몸을 싣고 싶어 하는 많은 사람들이 유람선을 기다리는 중이었다.

그 광경을 바라보며 우리는, 이 강이 우리 곁에 있음에 더 없이 감사했다. 강은 그 조용한 물줄기 하나만으로도 인간에게 평온을 선사한다. 그 안에는 수많은 생명들이 지느러미를 펼치고 헤엄친다. 지상과 다름없이 물 안에도 물에서만 사는 꽃이 피고 지고 나무가 자란다. 물 속 생명들만의 조용한 질서가 한결같이 유지된다. 그런 힘은 지상 밖의 인간들에게도 또 하나의 생명력을 선사한다.

여의도를 둘러보면서 우리는 낙동강에서 느꼈던 슬픔을 조금은 지워낼 수 있었다. 강가에서 물길과 더불어 살아가는 이 풍경이 앞으로도 오랫동안 유지되리라 확신했다. 또한 다른 지역들도 대운하를 통해 이 같은 강의 생명력을 만끽할 수 있기를 바라게 되었다. 강과 인간의 삶이 가까이 만나는 순간이 머지않은 것이다.

원칙있는 실용, 지혜로운 실용을 향해

한 세 기 가 지 나 고 새 로 운 시 대 가 열릴 때, 우리는 갖가지 희망을 품게 된다. 그 희망은 한 개인을 이끌어가는 큰 힘이 될 뿐만 아니라 더불어 사회 곳곳에 활기를 불어 넣는다. 그 희망과 기대의 한가운데에서 최대 다수를 위한 최대 행복을 좇는 움직임들이 생겨나게 마련이다.

지금껏 우리는 사회 곳곳에서 수많은 갈등을 겪어왔다. 정치적 공세와 이념 논쟁은 지금껏 한국 사회에서 빼놓을 수 없는 문제였다. 이 같은 갈등은 불필요한 에너지 소모를 일으켜 국론의 분열을 가져왔고, 그것이 또다시 올바른 정책 선정을 가로 막았다. 또한 이는 나라의 여러 대소사가 벌어질 때마다 습관처럼 되풀이되었다. 그러나 다행히도 최근 들어 불필요한 에너지 소모를 줄이기 위해서는 무엇보다 국론의 단결이 중요하다는 여론이 힘을 모으고 있다. 계층 간, 지역 간, 정당 간의 분열로 파괴된 사회질서를 회복하고 화합을 통해 상생할 수 있는, 더 나아가 '일류 선진 국가 건설'을 위한 국민 대통합 정책이 필요하다는 의미다. 그러기 위해서 무엇보다 필요한 것은 첫째, 이념 논쟁을 넘어선 신 실용주의 국가의 건설, 둘째, 지역과 계층의 회합, 셋째, 효율적인 지방 분권의 확산이다 그리고 이 모든 중심에 바로 경제 살리기와 지역 통합을 중심으로 하는 한반도 대운하 사업이 존재한다.

최근 들어 독일과 프랑스, 영국의 지도자가 모두 교체되는 일대 지각변동이 일어났다. 그런데 가만히 보면 이들에게는 공통점이 있다. 장기집권을 해온 지난 지도자들과 달리 실용개혁주의를 표방하고 있다는 점이다. 유럽 국가들이 한결같이 주목하고 있는 부분은 바로 '경제 개혁'이며, 그 방법으로 시장친화적인 정책을 유지하고 있다. 유럽국가들은 지난 세월 국가의 단합을 갉아 먹었던 이념 논쟁에서 벗어나, '성장과 발전'이라는 새로운 화두로 내세운 것이다. 그리고 이에 공감한 유럽의 국민들도 이들의 손을 들어 주었다.

비단 유럽뿐만 아니라 더 넓은 장으로서의 국제사회도, 이제 동서냉전의 찌꺼기를 털어버리고 평화 공존과 인류 공동의 번영을 추구하고 있다. 이 같은 상황에서 유일하게 대치 상태가 유지되고 있는 곳이 바로 한반도다. 지난 반세기 동안 한반도는 이념과 국론의 분열로 많은 대가를 치뤄야 했다. 그것은 비단 남북 사이에서뿐만 아니라 대한민국 내부에서도 벌어진 문제였다. 이제 우리는 국론의 통일을 추구할 필요가 있으며, 물론 이는 정당한 충돌과 토의라는 과정을 거치게 될 것이다. 그러나 무조건 '깎아내리기'나 반사적 이익을 얻기 위한 공격적 논쟁은 결국 분열만을 초래할 뿐이다. 한반도 대운하 사업에서도 이같은 상황을 걱정하지 않을 수 없다.

원칙이 있는 실용사회, 지혜로운 실용의 길로 가는 것은 분명히 쉽지 않을 것이다. 그러나 그것을 보다 앞당기는 법은 있을 수 있다. 바로 진정 국민을 행복하게 하는 정책적 지향이 무엇인가를 깊이 숙고하고, 그것을 발과 머리로 일구고자 하는 헌신적인 노력이다. 불필요한 논쟁을 피하고 실리를 얻고자 하는 지혜다. 한반도 대운하는 바로 그 같은 목표로 이제 막 첫 걸음을 내딛고 있다.

대화합을 위한 키워드

　　　　　정파를 넘어서서 통합을 이뤄낸다는 것
은 굉장히 어려운 일이며, 따라서 그것이 현실화될 때는 큰 감동을 자아낸
다. 지금은 이른바 세계화의 시대다. 지역적 고립을 넘어 세계로 소통의 촉
수를 뻗어가는 시대라는 의미다. 그러나 세계화란 흔히 생각하듯 정체성을
잃어 버리는 일이 아니다. 오히려 각각의 정체성을 유지하면서도 다른 나
라들과 소통이 가능한 다양한 정체성을 키워나가는 일이다.

　최근 들어 국가와 국가들의 협의와 연대, 협력을 위한 '실리적 외교'가
큰 호응을 얻고 있는 것도 이 같은 흐름이 가져온 결과다. 즉 실용적 세계화
가 지구촌의 큰 가치로 대두되고 있는 상황에서 한국도 그와 관련한 노력을
경주할 필요가 있다는 이야기다.

　그러나 이같은 거대한 세계화 물결을 따르기 위해서는 무엇보다도 그 반

석인 탄탄한 사회 기반이 필요하며, 그것은 대대적인 사회 통합을 통해서만 이루어질 수 있다. 국가 브랜드의 경쟁력을 강화하는 동시에 양극화로 인한 불평등을 해소하고, 복지 정책과 분배 정책을 확대하는 일, 더 나아가 사회적인 다원성을 인정하면서 국익의 개선에 대한 국민적인 합의를 이끌어내는 일 등이 우리 앞에 주어진 과제라고 하겠다. 그러나 무엇보다도 시급한 것은 정파와 지역 간의 이익을 초월해 나라 전체의 운명을 바라보는 장기적인 안목이다.

사실 한국은 이 작은 땅 안에서도 많은 부분이 제각각이다. 언젠가부터 영남과 호남의 편 가르기가 시작되었고, 이런 현상들은 정치·경제·사회·문화 등 모든 분야에서 변형되어 다양한 양상으로 나타나고 있다. 처음에는 두 지역 간의 갈등이었던 것이 하나의 고착화된 문화로 자리 잡으면서 국가의 분열을 초래하는 사회 문제로까지 대두하고 있다. 이러한 현상은 무엇보다도 선거 등에서 잘 드러난다. 지역마다 특정 출신 후보에 대한 무서울 정도의 몰표가 등장하지 않는가.

이제는 한국을 세계 속의 중심 국가로 만들어야 한다. 이 작은 땅 안에서 벌어지는 편 가르기는 더 넓은 시야에서 보면 개미굴의 아귀 다툼일 뿐이다. 상대를 꺼꾸러뜨리는 대신, 균형과 배려의 정신을 키우는 것이 바로 세계화 시대의 시민으로서 가져야 할 진정한 자세일 것이다. 그 같은 자세는 장기적으로나 결과적으로 더 많은 사람들에게 큰 성과와 이익을 가져다준다. 사실 누구나 눈앞의 이익을 쫓게 마련이다. 내 울타리 안의 것을 챙기게 마련이다. 그 좁은 시야를 넘어서면 더 큰 세상을 볼 수 있다는 것을 알면서도, 그것을 실천하는 것은 그야말로 어렵다. 정파와 개인적 이익을 넘어선 대통합의 단결이 감동을 자아내는 것도 바로 이 때문일 것이다. 그리고 새로운 가치가 열리게 될 21세기 한국은, 이제 대운하를 통해 그 '감동의 순간'을 연출할 순간에 성큼 다가서게 될 것이다.

'코리아 랜드마크' 를 창조하라

최근 모든 기업들이 각자의 대표적인 이미지를 가지기 위해 부단한 노력을 하고 있다. 강철은 차갑고 비인간적인 물질이라는 생각에서 역발상을 끌어내 친환경적이고 인간적인 기업 이미지로 탈바꿈한 포스코나, 최고 인재 등용과 성공적인 해외 진출로 세계적 브랜드 이미지를 이끌어낸 삼성 등이 그 좋은 예다.

포스코는 푸른 들판과 더불어 성장하는 자연 친화적 제철 기업의 이미지를 만들었다. 그런가 하면 삼성은 세계 속의 기업들 특유의 첨단화된 기술력과 가전제품들을 자신들의 대표 이미지로 삼았다.

그렇다면 랜드마크란 무엇인가? 바로 한 나라를 상징할 수 있는 명확한 상징물이다. 호주 하면 곧바로 떠올릴 수 있는 오페라하우스, 프랑스에서 떠올리는 에펠탑, 미국의 자유의 여신상, 영국의 타워브릿지 등이 여기에 해당된다. 이처럼 랜드마크를 가진 나라들의 특징은 대개 부유하고 선진적인데 반대로 랜드마크가 이들 국가 이미지를 세계 속에 심어주는 데 크나큰 역할을 담당할 때도 많다. 이러한 랜드마크의 가장 좋은 사례가 있다. 바로 두바이이다. 사막 한가운데에 그 어디보다 부강한 나라를 세운 두바이의 기적은 바로 역발상과 브랜드 확립 속에서 그 기반을 세울 수 있었다.

두바이의 랜드마크 창조는 거대한 프로젝트에서 시작됐다. 두바이는 한 여름에는 50도를 오르내리는 척박한 사막의 도시다. 게다가 여러 중동 국가들이 가지고 있는 볼 만한 유적도 거의 갖지 못했다. 비가 내리지 않아 도시는 늘 황폐했고, 석유량도 극히 미미했다. 또한 2020년이 되면 이 석유조차도 더 이상 나오지 않게 될 예정이었다. 즉 두바이의 기적은 단순한 오일 달러가 원인이 아니었다. 오히려 두바이는 오일 달러가 모이기도 전에 먼저 새로운 도전에 나섰고, 그로 인해 천문학적 금액을 끌어 모을 수 있었다. 그러기 위해 두바이가 가장 먼저 한 일이 바로 랜드마크의 창조였다. 두바이를 떠올리면 동시에 '역동적인 힘'을 떠올리도록 만든 것이다.

현재 두바이에서는 랜드마크에 부응하는 초대형 프로젝트들이 곳곳에서 진행 중이다. 오는 2018년까지 연간 1억 명의 관광객을 끌어들인다는 목표 아래 세계에서 유일한 7성 호텔 버즈 알 아랍(Burj Al Arab)이 세계 부호들을 불러들이고 있는가 하면, 인공 섬을 짓는 팜 아일랜드(Palm Island) 프로젝트, 세계 최고 높이의 빌딩 버즈 두바이(Burj Dubai)도 한창 건설 중이다. 또한 해저호텔 하이드로폴리스(Hydropolis)와 사막 위의 초대형 디즈니랜드인 두바이랜드(Dubai Land)도 역시 사막의 도시 두바이를 꿈의 도시로 탈바꿈하는 견인차가 되고 있다.

이 같은 상황에서 한국의 랜드마크 창조 역시 피할 수 없는 과제다. 그러나 두바이가 그렇듯이 랜드마크는 상징적인 동시에 실질적으로 도움이 되어야 한다. '빛 좋은 개살구'로서가 아니라 국민들과 더불어 숨쉬고 발전하는 장이어야 한다는 뜻이다.

이같은 상황에서 한반도 대운하 프로젝트는 많은 의미를 가진다. 한반도 통일 시대를 위한 준비된 상징인 동시에 여러 경제적 효과를 가져오는 실질적인 면모 또한 강하다. 더 나아가 대운하의 물길은 대한민국의 내륙을 감싸도는 온화한 힘과 자연친화적 미래의 보고가 될 것이다. 사실 랜드마크란 무작정 새로운 것을 발굴해내는 것만은 아니다. 이는 주어진 현실에서 가장 좋은 것을 다듬고 발전시키는 작업이기도 하다. 그리고 한반도 대운하는 이 시대의 절실한 요구인 경제 발전과 친환경 목표를 발판으로 함으로써, 청계천이 그랬듯이 국민들이 자랑스러워하고, 외국인들이 부러워하는 대한민국 도약의 새로운 랜드마크로 부상할 수 있는 충분한 가능성을 지니고 있다.

3장

활짝 열리는
환경 시대

환경 위기 국가, 대한민국

최근 들어 '3 · 3 · 3 이론'이 환경 논의에서 새롭게 떠오르고 있다. 이는 사실 그다지 어려운 이론이 아니라, 공기와 물, 음식에 대한 이야기로서 다음과 같은 3가지 질문을 던진다.

"사람이 공기 없이 얼마나 살 수 있을까?"
"물이 없다면 우리는 얼마나 버틸 수 있을까?"
"먹지 않고 사람이 견딜 수 있는 시간은 얼마나 될까?"

이에 대해 의학계는 이렇게 대답한다. "공기 없이 살 수 있는 시간은 3분이다. 또한 물이 없이는 3일 간 견딜 수 있으며, 먹는 것 없이 견딜 수 있는 시간은 3개월이다."

얼마간의 오차가 있을 수는 있겠지만 이는 물과 공기, 음식의 중요성을 잘 말해주고 있다. 그리고 이 물과 공기, 음식 모두는 환경과 긴밀한 연관이 있다. 좋은 물과 공기, 음식은 모두 좋은 환경에서 비롯되기 때문이다.

2005년 스위스 다보스에서 열린 세계경제포럼(WEF)은 전 세계 146개 국가를 대상으로 환경 상태와 삶의 질 등을 조사한 뒤, 한국을 146개 국가 중 122위에 올려놓았다. 이른바 '환경 위험 국가' 라는 딱지가 붙게 된 셈이다. 이는 대기, 수질, 토양, 생태계, 폐기물 등 자연환경 및 생활 환경에서부터 사회경제 환경까지 아우른 결과로, 우리나라가 심각한 환경 위기에 처해 있음을 수치적으로 잘 보여주는 사례다. 실제로 우리나라의 환경 수준은 국민들 스스로도 느낄 만큼 열악하다. 대기오염은 물론, 하천과 호수의 수질 오염도 심각한 상태이며, 마구 파헤치는 식의 개발 정책으로 산과 나무는 남아나는 것이 없다.

지금껏 지구는 스스로의 자생 능력을 통해 일정한 환경을 유지해왔다. 공기와 물은 지구 자체 안에서 순환하며 스스로를 정화했다. 그것은 인간이 만들어낸 쓰레기와 오염 물질도 마찬가지다. 하지만 그 양이 점차 늘어나 감당할 수 없어지자 오존층 파괴, 엘니뇨, 라니냐, 지구 온난화, 산성비 같은 수많은 환경 이상이 지구 곳곳에서 발생하기 시작했다. 이제 우리는 우리가 만들어낸 쓰레기를 먹고 마시는 상황에 놓이게 된 셈이다.

문제는 이것이 단순히 불쾌함과 불편함을 초래하는 것을 넘어 위에서 언급한 3가지, 즉 공기와 물과 음식이라는 우리의 생명과 직결되는 요소들을 파괴한다는 점이다.

나쁜 환경에서는 생명 유지의 질도 급격히 하락한다. 그렇다면 다보스가 분류한 환경 122위의 국가 대한민국에서는 어떤 방책이 필요할까? 지금부터 그에 대한 이야기를 하나씩 풀어가야 할 것이다.

환경보존인가, 환경 보전인가?

최근 환경 문제가 크게 대두되면서 환경에 대한 민감한 정서가 두드러지고 있다. 이로 인해 많은 이들이 '주어진 그대로를 보존하는 것'만이 환경보호라고 생각하고 있으며, 이는 곧바로 작은 것 하나라도 건드리면 그것이 생태계를 망가뜨린다는 우려로 이어지고 있다. 그러나 선진적인 환경정책은 환경보존이 아니라 환경개선의 방향으로 발전하고 있다. 자연을 그대로 놔두는 대신 온전하게 복원하고 관리하는 쪽으로 나아가고 있는 것이다. 즉 자연을 방치하는 대신, 인간이 자연을 관리하는 수준에 도달하게 된 것이다. 실제로 지금 같은 상황에서는, 인간과 자연의 공존을 위해서는 보존을 넘어서는 개선이 반드시 필요하다.

실제로 수많은 선진국의 운하를 보면, 과학기술과 자연의 친밀한 결합을 확인할 수 있다. 손상되지 않은 물줄기 근처에 반듯반듯한 건물이 정연하게 서 있다. 수질은 엄격한 기준을 통해 보호되며, 근처에는 잘 보존된 자연 녹지들과 아름다운 풍경이 펼쳐진다. 과연 이것을 환경 파괴라고 말할 수 있을까?

그렇다면 여기서 몇 가지를 생각해보자. 첫째, 좁은 국토에 5천만명이 풍요롭게 살아가기 위해서는 보존이 아닌 보전이 반드시 필요하다는 점이다. 둘째, 개발이 무조건 환경 파괴의 주범인가 하는 문제다. 이는 조금만 생각해보면 쉽게 그 답을 얻을 수 있다. 때로는 자연도 사람의 손길을 통해 더 아름답게 태어나며, 오랜 옛날에도 인류는 환경을 변화시켜 많은 재해를 막았고, 어떤 개발은 오히려 더 좋은 자연 환경을 만들었다.

물론 개발 일변도의 역사를 걸어온 우리나라에서 개발에 대해 불편한 심정을 드러내는 것은 이해할 만한 일이다. 그러나 시간이 흐르면 잘못된 과오는 수정되게 마련이다. 즉 무조건 파헤치는 것이 예전의 개발이었다면, 환경시대의 개발은 신음하는 자연을 과학기술의 힘으로 잘 보전하는 일로 발전했다. 즉 개발 자체를 부정하는 대신, 개발에 대한 신념과 인식이 변화해야 한다. 그리고 이런 판단 하에 한반도 대운하는 수질오염의 개선을 가장 기본적인 목표로 정하고 있다.

대운하 사업의 주요 지역인 영산강을 보자. 현재 영산강은 물고기가 살지 못하는 죽음의 강으로 변해가고 있다. 어획량이 적어지면서 주변 어민들의 고충은 늘어만 가고, 수많은 사람들이 오가며 활기찬 기운을 퍼뜨렸던 뱃길은 스산한 기운만 감돈다.

이 같은 상황에서 할 수 있는 일은 두 가지뿐이다. 강줄기가 그대로 죽어가도록 놓아두거나, 적극적으로 강 살리기를 시도하는 것이다. 그리고 대운하 프로젝트는 후자를 선택한 결과다.

한반도 대운하 사업은 그 크나큰 실질적 경제 가치의 구현 속에서도 먼저 물의 소중함을 지켜내는 것을 기본으로 한다. 아무리 첨단 기술이 동원된 사업이라 해도 그 본질을 망각해서는 진정 인간에게 도움되는 결과물을 내놓을 수 없다는 점을 알기 때문이다. 따라서 갈라진 땅과 땅을 잇고, 그 물가에서 새로운 생명이 자라나는 대운하의 청사진은 이 같은 물의 혜택을 내륙 가까이 전달하고, 그 안에서 물의 힘을 일깨우는 것에서 시작한다.

마을 사이를 정답게 흐르는 작은 하천, 깨끗이 보존된 강과 운하, 시퍼런 바닷물 근처에 가면 어떤가? 물에 대한 고마움, 우리 인간을 넉넉히 감싸 안는 그 넘치는 힘을 고스란히 느낄 수 있다. 그리고 병든 하천을 살리고 물가까이 다가가려는 노력, 그 모든 기대가 바로 대운하 사업에 포함된다.

운하는 기본적으로 환경을 파헤치는 것이 아니라, 있는 그대로를 보존하면서도 그 안에 사람의 손길을 담는 일이다. 실제로 대부분 내륙수로는 있는 그대로를 활용한다고 보아도 좋을 것이다. 또한 그 안에서 가장 효율적이면서도 환경과 더불어 성장할 수 있는 길을 모색하는 것이다. 또한 그것은 죽어가는 물을 되살리는 데 가장 적극적이고 긍정적인 하나의 방법이기도 하다. 그렇다면 대운하는 어떤 식으로 수질오염을 해결할 것인지 다음 장에서 살펴보도록 하자.

수질오염은 어떻게 해소되는가?

현재 우리나라 국민들의 70%가 수돗물이 식수로 부적합하다고 생각하고 있다. 실제로 수돗물을 그냥 마시는 이들은 1~2%에 불과한 것으로 알려져 있다. 수질 오염에 대한 경각심이 잘 드러나는 부분이다.

현재 우리나라에서는 매해 엄청난 하천 수질관리 비용에도 불구하고 여러 정수장에서 바이러스가 발견되고 수돗물 사고가 발생한다. 이는 정수장 관리 부실에서 기인하기도 하지만, 일부는 수돗물 생산에 사용되는 하천의 수질오염과 취수 방법에 문제가 있음을 보여준다. 그렇다면 대운하는 어떤 방식으로 수질 위험을 극복할 수 있을까?

일단 강이나 하천은 선박이 다니는 길이므로 일정한 수위가 유지되어야 하며, 이를 위해 주운보를 설치하게 된다. 일부는 이 주운보가 물길을 막고 물이 고이도록 만들어 부영양화를 일으키고 물이 썩게 될 것이라고 예견한다. 그러나 정답은 그 반대다.

　현재 낙동강과 영산강 하류의 경우 이미 심각한 부영양화가 진행된 상태이며, 낙동강의 경우 하구언의 물 정체로 녹조현상이 나타나고 있다. 수조원의 국가예산의 배정으로도 해결이 힘든 이 고질적인 문제는 운하 건설로 일부 해결이 가능하다. 일단 운하가 건설되면 바닥 준설과 주운보를 통해 남한강에 3억 톤, 낙동강에는 7억 톤의 물이 확보되게 된다. 게다가 낙동강에는 충주호로부터 선박 운항을 위해 2억 톤의 물이 추가로 공급된다. 즉 수질악화로 위험 수위에 처한 낙동강에 총 9억 톤의 물이 공급되는 것이다.

　이는 일단 수량이 풍부해지면서 오염 물질이 희석되는 효과를 낳는다. 즉 물의 자정 능력이 좋아지는 것이다. 그런가 하면 주운보들은 강우 시 유입되는 쓰레기와 토사를 걸러주는 역할을 한다. 청평댐이 팔당호로 흘러드는 북한강의 물을 정화하고 있듯이 부유 물질을 침강시키고 쓰레기를 막아주는 것이다. 실제로 외국에서는 호수의 수질개선을 위해 주요 지천 유입 지점에 소형댐을 장려하고 있다. 그런가 하면 낙동강 하류와 금강과 영산강 하류의 심각한 유기 퇴적물도 운하로 극복할 수 있다. 운하를 건설하게 되면 하천의 바닥을 준설하게 되는데 이때 수질 오염의 주 원인인 유기퇴적물을 걷어내게 되며, 이 역시 수질 복구에 큰 역할을 담당하게 될 것이다.

다시 정리해보면 운하는 첫째, 물의 추가 확보를 통해 수량을 높여 오염물질을 희석시킨다. 둘째, 운하는 주운보를 통해 물을 걸러주는 역할을 한다. 셋째, 바닥 준설로 강 깊숙이 쌓인 오염물질을 걷어내게 된다. 넷째, 하천정비를 통하여 하천부지 등에 산재해 있는 다양한 오염원을 차단하는 역할을 한다.

이처럼 운하는 수질개선에 긍정적 영향을 미칠 것이며, 이는 곧 안전한 식수 공급으로 이어질 것이다. 현재 우리 환경부는 2006년부터 2015년까지 낙동강 수질개선을 비롯한 물 환경 관리를 위해 무려 9조 7천 억 원이라는 예산을 책정해놓고 있다. 그런가 하면 건교부 또한 2004년부터 2016년까지 낙동강의 신규댐 건설 등 치수 대책을 위해 16조 5천 억 원을 배정했다. 하지만 운하의 건설이 진행될 경우 수질 개선과 수자원 확보를 도와 이 예산의 상당 부분을 절감하게 될 것이다.

운하는 대기오염을 막는다

물의 오염과 더불어 심각하게 받아들여야 할 또 하나의 환경 재앙이 있다. 바로 우리가 마시는 공기, 즉 대기의 오염이다. 실로 우리나라는 도로 운송의 천국이라고 해도 과언이 아니다. 전국 곳곳에 뚫린 고속도로를 통해 수많은 물동량들이 드나든다. 그러다 보니 그것을 실어 나르는 트럭의 수도 과도할 정도다. 이 같은 도로 수송의 증가, 도로의 확장 등은 필연적으로 대기오염을 가져올 수밖에 없다.

환경부 조사에 따르면 2005년 기준 우리나라 대기오염물질의 40.1%가 자동차에서 배출되며, 호흡기 질환을 일으키는 이산화탄소 전체 배출량의 79.4%도 자동차로 인한 것이다. 이는 어딜 가도 자동차들이 빽빽이 들어선 우리나라 환경에서는 당연한 결과라고 해도 할 말이 없다.

그런데 여기서 주목할 점은 그 자동차에 의한 대기오염물질의 46.5%를 내뿜는 주범이 바로 화물운송 트럭이라는 점이다. 화물운송 트럭은 장거리 운송이 많고 연료량도 많은 만큼 여러 모로 많은 오염 물질을 뿜어낼 수밖에 없다. 또한 이 중에 81.9%가 바로 컨테이너 수송 등에 이용되는 대형 트럭에 의한 것이다. 즉 그 81.9%의 원인이 되는 컨테이너 물동량을 운하가 담당하게 될 경우, 획기적인 대기오염 감소 효과를 가져올 수 있는 셈이다.

최근의 환경비용 추정 결과에 의하면 1TEUkm당 대기오염 비용을 볼 때 도로 수송의 경우, 수도권에서 부산으로 가는데 대기오염으로 인한 환경 비용이 1,129,149원이다. 그러나 해운 수송으로 이를 대체할 경우 106,641원으로 무려 10분의 1로 떨어진다. 또한 수로 운송의 이산화탄소 배출량은 도로 운송의 5분의 1 수준에 불과하다.

세계의 주요 환경 정책

마르코폴로 계획

환경을 중시하는 유럽에서 지구온난화를 해결하고자 실시한 정책으로서 트럭의 고속도로 '이용을 줄이기 위해 각국에 운하건설과 사용을 적극적으로 권장한 데서 비롯되었다.

나이아데스 프로그램

나이아데스는 고대 그리스 신화에 나오는 흐르는 물에 깃든 님프에서 유래한 어원으로, 나이아데스 프로그램이란 유럽위원회(European Commission-EU의 사무국)에서 2006년, 유럽을 지나가는 화물을 운송하는 수로와 기존의 운하를 더 잘 관리하기 위해 발표한 프로그램이다. 2006~2013년 동안 내륙운하 개발과 혁신에 필요한 정책이나 법적 제도를 지원함으로써 교통체증을 완화하고, 효율적인 에너지 사용과 지속가능한 분배를 실현하고자 하는 목적을 가지고 있다.

교토의정서

교토프로토콜이라고도 한다. 지구온난화 규제 및 방지를 위한 방안으로, 선진국의 온실가스 감축 목표치를 규정하고 있다. 오스트레일리아, 캐나다, 미국, 일본, 유럽연합(EU) 회원국 등 총 38개국이 의무 대상국이며, 이 대상국들은 2008~2012년 사이에 온실가스 총배출량을 1990년 수준보다 평균 5.2% 감축해야 한다. 우리나라는 2013년부터 자발적인 의무부담이 요구되고 있다.

현재 선진국들의 경우 운하 건설을 통해 대기오염을 줄이는 여러 정책을 실시하고 있다. 마르코폴로 계획, 나이아데스 프로그램, 교토의정서 등이 그것이다. 우리나라의 경우도 2013년부터는 교토의 정서 대상국으로서 대기 오염을 줄이는 자발적 활동을 벌여야 한다는 과제를 안고 있다. 이는 우리나라 또한 환경국가로 들어서기 위해서는 운하 건설이 필수적임을 잘 보여주고 있다.

잠깐 Q&A

운하! 오해를 넘어 진실로

Q : 대운하의 환경적 효과로는 어떤 것들이 있나요?

A : 첫째는 온실가스 감소 효과입니다. 한국의 연간 이산화탄소 배출량은 세계 9위이며, 1990년부터 2004년까지 15년간 배출량 증가세 104%로 세계 최고 수준입니다. 그러나 운하가 건설될 경우 선박에서 발생하는 이산화탄소 배출량이 트럭의 5분의 1 수준으로 떨어져 온실가스 감소 효과를 가져옵니다.

둘째는 물 부족을 위한 수자원 확보 효과입니다. 잘 알려져 있다시피 한국은 물 부족 국가 중에 하나입니다. 현재 한강과 낙동강의 보유 수량은 약 7억 톤인데, 운하가 건설될 경우 10억 톤을 추가로 확보할 수 있습니다. 이는 팔당댐 4개를 짓는 것과 같은 효과를 냅니다.

셋째는 홍수와 가뭄 방재 역할입니다. 우리 정부가 한해 사용하는 홍수 피해 복구 비용은 무려 6~7조 원에 달합니다. 또한 낙동강 주변에 상습 홍수 피해 지정지만 해도 232곳에 이릅니다. 그러나 경부운하가 건설될 경우 강바닥 준설을 통해 수심이 깊어져 홍수 범람이 줄어들고, 갈수기에는 물의 저장량이 많아져 가뭄의 방재 역할도 담당할 수 있게 됩니다.

넷째는 수질개선, 하천정비 효과입니다. 현재 우리 정부는 4대강 수질 개선 비용으로 2015년까지 29조 원을 책정해두고 있습니다. 또한 2016년까지 물 부족과 치수대책으로 16조 5천억을 투입한다는 계획도 책정되어 있습니다. 그러나 운하를 건설할 경우 이 비용들을 상당 부분 절감할 수 있게 됩니다. 왜냐하면, 하상 퇴적물의 준설로 내부 오염 물질을 제거하면, 수량이 증가하면서 오염물질이 희석되어 수질이 개선되기 때문입니다. 또한 하천오염의 주범 중 하나인 농지 살포용 비료와 농약 유출 등도 각종 오염원 정비와 차단을 통해 막을 수 있습니다.

4 장

한국의 하천과
대운하

우리 하천의 모습

하천은 땅, 공기, 물과 동·식물, 그리고 마지막으로 그것을 이용하는 인간 문화권이 조합된 하나의 경관(landscape)이다. 하천은 여러 생물들이 생활하고 번식하는 공간이며, 생태계의 존속 기반이 된다. 실제로 많은 물고기들과 양서·파충류, 조류, 곤충류 등이 성장과 종족 유지의 장 등 대부분을 하천에 의존하고 있는 경우가 많은 만큼 하천생태계는 생물들에게 매우 중요한 장소가 된다.

그런가 하면 하천은 해마다 계절마다 물길이 변하기도 한다. 하천이 그대로 유지되는 것은 길어 봐야 수십 년, 백 년이 되지 않으며, 하천 부지 내의 대부분은 오히려 1년 내지는 수년 내의 짧은 간격으로 변한다.

그렇다면 우리 하천의 특징은 어떨까?

우리나라는 선캄브리아기로부터 중생대에 이르기까지 변성퇴적암류를 비롯하여 화강편마암과 화강암 등의 지층을 바탕으로 안정된 지괴의 상태에서 오랫동안 침식과 습곡 및 단층운동을 거쳐 현재의 지형 상태가 이루어졌다. 또한 국토의 대부분이 산지로 이루어져 하천 유역도 산지가 차지하는 비중이 크며, 경사가 급해 산지에 내린 강우가 단기간(1~3일)에 바다로 흘러들어 이용 가능한 물이 빠르게 소실된다. 그러므로 하천에서 평수량 및 갈수량의 크기는 대단히 작은 반면에 홍수량은 매우 커서 연간 하천 유량의 변동이 극심하다(표 1). 따라서 이수 측면에서 홍수기에 집중되는 빗물을 모아 갈수기 동안 사용할 수 있는 대책을 수립할 필요가 있다.

표 1. 국내 · 외 주요 하천의 하상계수

하천명	하상계수	하천명	하상계수
한강	90	템즈강	8
낙동강	260	세느강	34
금강	190	라인강	18
섬진강	270	나일강	30
영산강	130	미시시피강	3
양쯔강	22	요도강	114

하상계수: 하천의 어떤 지점에서 1년 또는 여러 해 동안의 최대 유량을 최소 유량으로 나눈 비율

우리나라 하천복원은 필요한가?

하천의 생태계는 흐르는 물의 작용으로 그 구조가 만들어지고, 그곳에 성립한 식생이 다시 물의 흐름을 조절하면서 하천 생태계의 구조를 이루는 데 동참하게 되는 순환의 구조다. 우리의 자연 하천은 다양한 생물의 다양한 서식환경을 갖추고 있다. 그 조건의 대부분은 하천의 형태와 식생에 의해 만들어진다고 할 수 있을 정도로 하천생태계에서 식생의 역할은 매우 중요하다. 따라서 하천 형태의 다양함과 본래의 식생의 회복이 하천생태계 회복의 원점이라고 할 수 있다.

식생은 우선 초식동물의 먹이가 되고, 산란장소 및 피난처로서의 역할도 중요하다. 수중이나 물가의 식생은 유속을 느리게 하고 대형 어류나 새 등으로부터 몸을 숨길 장소로서, 특히 어린 물고기나 소형 어류에게 중요한 존재다. 물가나 하안(河岸) 지역의 식생은 곤충이나 조류의 생활장소가 될 뿐만 아니라 홍수 시에는 유속을 약화시키고, 쓰러져서 하천 바닥이나 하안에서 토사의 유출을 막거나 물고기의 피난처로서의 역할도 하고 있다. 이와 같이 하천 식생은 하천의 형태처럼 생물의 서식 환경으로서 중요하다. 그러므로 하천 식생을 제거하는 것은 생물의 서식 장소를 빼앗는 행위이며, 식생의 여러 가지 효용가치를 잃게 한다. 따라서 인간의 입장에서의 일방적인 관리가 아니라 생물 편에 선 식생 관리가 필요하다.

그런데 문제는 우리 하천의 상태다. 하천에 성립한 식생의 다양성, 교란이 빈번한 지소의 특성을 반영하는 외래종이나 일년생식물이 차지하는 면적, 식생의 구조 및 종 다양성에 근거하여 우리나라 5대 하천의 자연도를 평가해본 결과 한강, 낙동강, 금강, 영산강 및 섬진강 구역의 자연도 등급은 각각 2~4등급, 1~5등급, 2~5등급, 1~5 등급 및 2~5등급으로 나타났다 (1등급: 매우 불량, 2등급: 불량, 3등급: 보통, 4등급: 양호, 5등급: 매우 양호). 이들을 정량화하여 우리나라 5대 하천의 자연성을 종합적으로 평가하면, 한강, 낙동강, 금강, 영산강 및 섬진강의 평가점수는 각각 53.3점/100, 56.0점/100, 58.3점/100, 54.0점/100 및 55.3점/100으로 나타났다(표 2).

표 2. 우리나라 주요 하천의 식생에 근거한 자연도 평가 결과

하천명	식생 다양성	외래식물 점유면적	1년생식물 점유면적	식생구조	종다양성	종합평가
한강	2	4	3	2	2	53.3/100
낙동강	2	5	4	3	1	56.0/100
섬진강	2	5	5	2	2	55.3/100
영산강	2	5	4	2	1	54.0/100
금강	3	5	4	2	2	58.3/100

즉 우리나라 하천은 식생의 종류가 단순하고 종 다양성이 낮으며, 외래식물이나 1년생 식물이 차지하는 면적이 넓다. 반면에 목본식물과 초본식물이 함께 어우러진 안정된 구조의 식생이 차지하는 비중은 크지 않아 전반적으로 자연성이 매우 낮은 것으로 평가되었다.

생태적 복원이란 근본적으로 훼손된 자연의 체계를 복원하여 그들이 제공하는 생태적 서비스 기능을 활용해 쾌적한 생활환경을 확보하는 것이 목표다. 하천은 인간을 포함하여 다양한 생물들의 생활환경이자 생존환경이다. 그러나 현재 우리나라 하천의 자연성은 매우 낮은 것으로 평가되었다. 이런 점에서 우리나라 하천 복원의 필요성은 매우 높다고 볼 수 있다.

한반도 대운하가 가져올 생태적 문제점과 그 대안

일부에서는 운하 건설이 가져올 생태적 문제점을 걱정하고 있다. 첫째, 하천 미지형의 손상 및 단순화로 인한 생태계 파괴를 들 수 있다. 어떤 생태적 공간에서나 그렇듯이 하천 환경에서도 미지형의 다양성은 생물 다양성의 토대가 된다. 그런 점에서 운하의 건설로 인해 하천의 미지형이 손상되는 것은 생태적 교란으로 볼 수 있다. 이러한 교란이 발생하면 우선 저서무척추동물의 서식처가 파괴되고, 어류의 번식 장소도 위협을 받게 된다.

이러한 문제를 해결하기 위한 방법으로는 사업 시행 후 수제 등을 이용하여 미지형의 다양성을 유도하는 방법, 주운 수로 외의 지역을 생태하천으로 복원하거나 지천을 생태적으로 복원하여 그들의 대체 서식지를 마련하는 방법을 들 수 있다.

둘째, 주운보로 인한 유속 감소와 그것에 기인한 수질 오염 문제다. 수질 문제는 자연 생태계에 미치는 영향뿐만 아니라 상수원을 비롯한 전반적인 수자원 확보 차원에서 인간에게도 중요한 문제다. 그러나 최근 수 처리 기술이 크게 향상되어 있는 상태이므로 적극적인 수질개선의 의지만 있다면 이 문제는 해결될 수 있다.

특히 한국의 하천이 기본적으로 가지고 있는 문제점과 이에 더하여 운하 건설이 가져오는 문제점을 경관생태학적으로 검토하여 그 대안을 제시하고자 하는 바 다음과 같이 수질개선과 연관된 대안을 제시할 수 있다. 즉, 운하 건설이 가져오는 생태적 문제에 대한 대안으로서 해당 지역의 전 구간에 강변 식생을 조성하는 방안이다.

언급한 바처럼 우리나라 대부분의 하천에는 중요한 생태적 기능을 담당하고 있는 강변 식생이 거의 남아있지 않다. 이 기회에 운하를 건설하면서 그것에 대한 보상으로 강변 식생대를 확보하게 된다면 개발이 주는 피해에 대응하는 중요한 대안이 될 것이다. 특히 그 대안으로 강변 식생대가 도입되면 이는 하천의 미관을 크게 개선하고 수질 개선으로 이어질 수 있다. 이에 더해 주운수로 주변에는 목책이나 돌쌓기로 파랑효과 완화시설을 설치한 후 이곳과 강변 식생대 사이를 다양한 습지를 갖춘 생태하천으로 조성하면 이 또한 수질 개선에 크게 기여하는 요소가 될 수 있다(그림 1 참고).

특히 이곳에는 지소의 생태적 특성을 반영하여 갈대, 줄, 물피, 부들 등 수질 정화기능이 뛰어난 식물을 도입해 그 기능을 높일 필요가 있다. 이때 도입되는 대형 수생식물들은 그 자체가 수질정화에 기여할 뿐만 아니라 그들의 광합성을 통해 만들어낸 산소를 수체에 공급하고, 또 호기성 미생물에 서식처를 제공해 간접적으로도 수질개선에 기여할 수 있다.

앞서 언급한 바와 같이 국내 대부분의 하천은 과도하게 이용되고 관리되어 그 자연성이 크게 훼손되어 있다. 선진국의 영향을 받아 국내에서도 1990년대 이후 이처럼 구조가 단순해지고 기능이 떨어진 하천의 자연성을 회복하고자 하는 움직임이 활발하게 전개되고 있다. 특히 청계천 복원사업이 성공적으로 마무리된 2005년 이후 이러한 움직임은 전국적으로 확산되고 있다.

그러나 지금까지 국내에서 진행된 하천복원사업은 소하천 중심으로, 수로, 강턱, 홍수터 및 제방이 조합된 하천에서 수로변에 한정해 추진되어 왔다. 즉, 하천의 종류나 틀의 측면에서 부분적인 복원만 진행된 셈이다. 복원의 방법 또한 완전한 것(restoration)이기 보다는 부분적이고 기능적인 것이어서 자연복원보다는 친수 공간 조성에 주력해 왔다.

그러나 선진국에서 진행된 하천복원방법의 발달사를 보면, 초기에는 수변에 한정된 복원이 부분적으로 진행되다가 오늘날은 그 전 범위가 복원 대상으로 고려되는 방향으로 발전했다. 따라서 운하 건설 후 다양한 미지형을 확보하기 위한 복원, 생태하천 복원, 나아가 강변 구역의 생태계까지 복원된다면, 이것이야말로 가장 이상적인 복원이 될 것이다. 또한 그것이 발휘하는 생태적 기능은 우리 인간에게도 쾌적한 생활환경을 제공하게 될 것이다.

다음의 그림에서는 도시지역과 농촌지역, 산각지역에 있어 운하건설 이전의 모습을 제시해 보았으며, 거기에 나타난 문제를 통해 운하가 건설된 후, 어떻게 달라지는지를 살펴보았다.

< 도시 지역 >

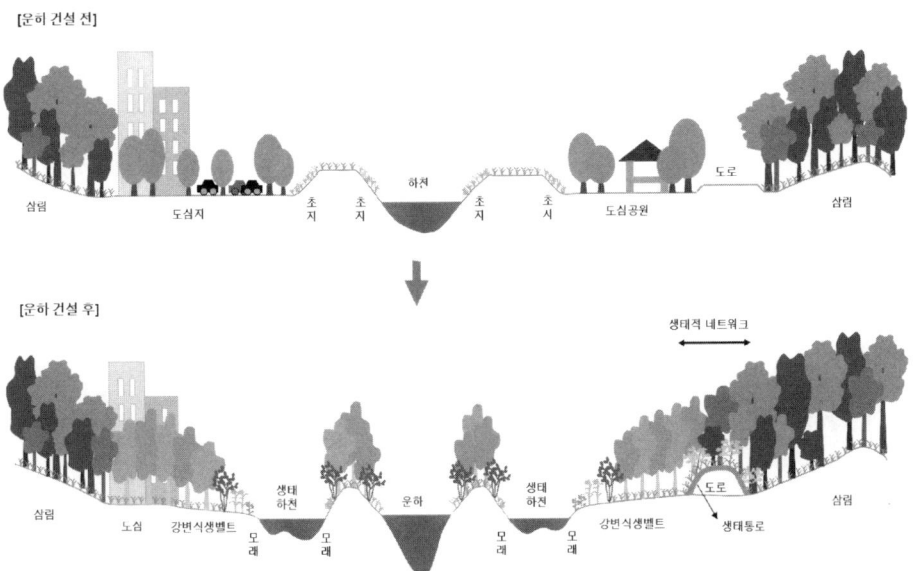

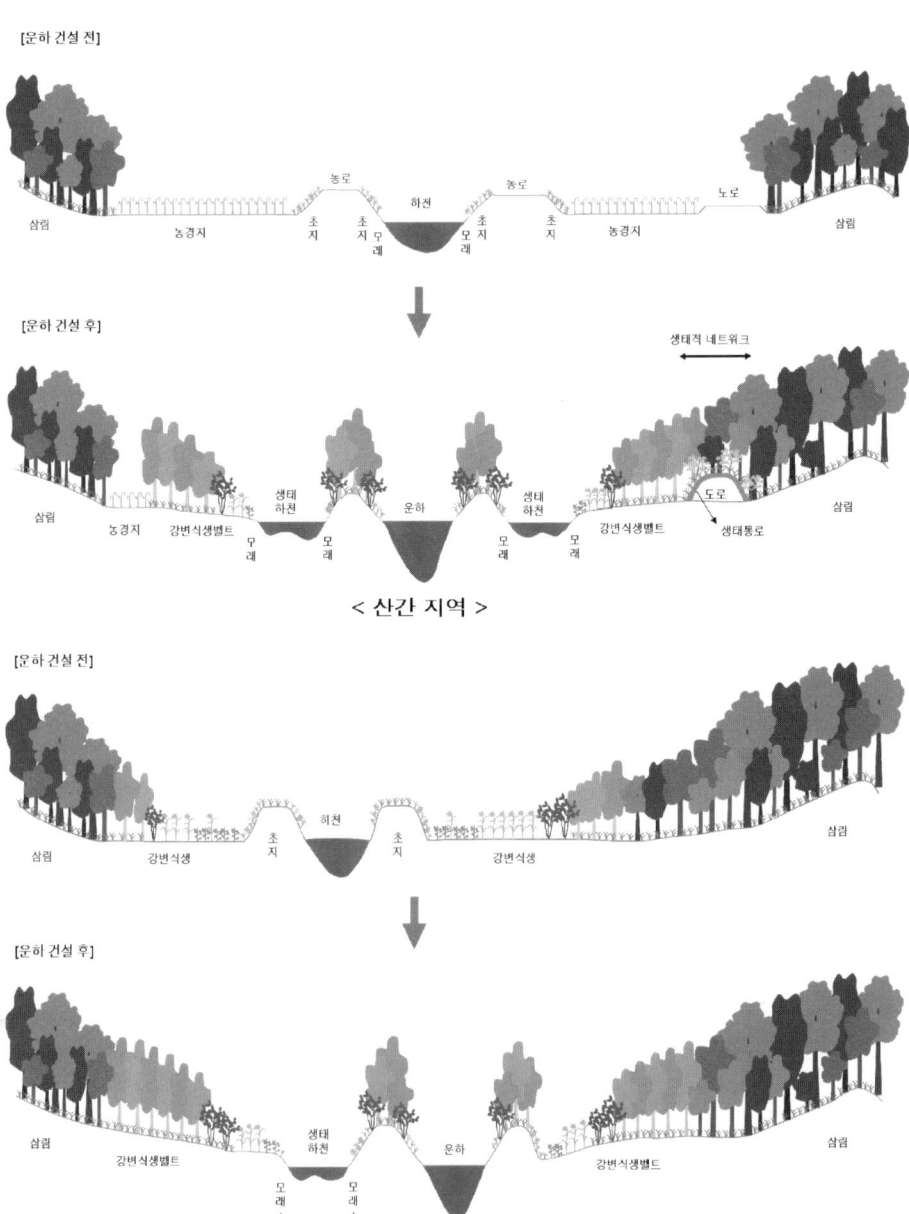

< 농촌 지역 >

[운하 건설 전]

농로   농로   노로
삼림   농경지   초지   하천   초지   농경지   삼림
          모래   모래

[운하 건설 후]

생태적 네트워크

삼림 농경지 강변식생벨트 생태 운하 생태 강변식생벨트 삼림
              모래 하천 모래   모래 하천 모래   도로 생태통로

< 산간 지역 >

[운하 건설 전]

하천
삼림   강변식생   초지   초지   강변식생   삼림

[운하 건설 후]

삼림 강변식생벨트 생태 운하 강변식생벨트 삼림
              모래 하천 모래
              +   +
              자갈   자갈

그림 1. 운하 건설 전 · 후 운하를 중심으로 일어날 생태적 변화를 보여주는 하천경관 모식도.

생태운하 건설 사례

중미 최빈국인 니카라과는 대외 수출물량의 75%가 유럽 및 미국 동부로 집중되고 있으나 대서양으로의 직접적인 자국 운송로가 없어 인접 국가인 온두라스 혹은 코스타리카를 경유하여 수출하고 있다. 그 개선책으로 니카라과는 태평양과 대서양을 이어주는 약 350km의 운하 건설을 2001~2006년에 추진하였다.

그러나 니카라과도 자국 및 주변국 환경단체로부터 운하건설이 가져다 주는 잠재적 환경 영향에 대한 부정적 여론이 매우 높아 반대에 부딪혔다. 결국 니카라과는 그 대안으로 광역적이고 구체적인 환경영향 저감 대책을 수립하고 운하건설 계획에 적극 반영한 결과 지금은 환경단체로부터 오히려 적극적인 호응을 얻고 있다. 이런 상황에서 우리도 환경과 자연 보전의 중요성에 대해 관심이 높은 현실을 감안하여 니카라과 생태운하 계획 수립과 추진과정을 적극적으로 벤치마킹할 필요가 있다.

니카라과 생태운하 계획에 반영된 환경피해 저감 대책은 다음과 같다.

- 항로에 방해가 되는 모래톱의 준설 깊이는 하천생태계 먹이사슬의 초기 단계를 이루는 소형 무척추동물의 서식환경에 미치는 피해를 최소화하는 측면에서 2m 이내로 한다.

- 하천생태계의 다른 부분을 보호하기 위해 항로는 강둑에서 25m까지로 하고, 하안 자연경관을 보존하기 위해 가능한 자연 지형을 훼손하지 않는다.

- 회유 및 이동성 어류들의 안정된 이동경로를 보장하기 위하여 급류가 심한 곳에 고정댐을 설치하는 것을 지양하고 대신 이동성이 있는 가동댐 (Air-Powered Dam)을 설치한다.

- 강의 배후습지에는 다양한 향토 식물을 도입하여 수질오염에 대비하고, 주변 시설지와 운송하는 배의 연료는 석유 유도 화합물보다 오염이 덜한 식물성 저공해 디젤유, 즉 Bio-diesel을 사용하도록 한다.

- 운송하는 배의 규모는 환경피해를 최소화하면서 물류이동을 신속하게 하기 위하여 200~300톤 규모를 권장한다.

이처럼 운하는 건설하느냐, 마느냐의 문제가 아니라, 어떤 방향으로 어떻게 진행하는가가 중요하다. 우리나라의 하천은 오랜 기간에 걸쳐 여러 가지 인위적 간섭에 노출되어 본래의 모습과 기능을 상실한지 이미 오래다. 따라서 그것을 되찾기 위한 생태적 복원이 절실히 요구된다. 이제부터는 논의의 중심을 바로 이 '어떤 방향으로 어떻게'로 집중시켜 하천 환경을 위한 새로운 시도, 즉 생태하천 복원을 한반도 대운하 사업과 함께 시도해볼 필요가 있다.

5 장

물과 국가

5 물과 국가_**박태주**

물은 생명이다

인 간 의 삶 은 항 상 물 과 함 께
해왔으며, 물이 없는 인간의 삶은 상상할 수도 없다. 또한 잘 관리된 깨끗한
물과 이러한 물이 제공하는 쾌적한 자연환경은 한 나라의 부강한 척도와도
비례한다. 그러므로 깨끗한 물을 안전하게 지역사회에 공급하는 일은 아주
중요하다고 할 수 있다. 누구나 공평하게 맑은 물을 마시고, 즐기며 살아가
는 삶을 누릴 수 있다는 자체가 하나의 복지로 대두되었기 때문이다.

실제로 물이 제대로 관리되고 분배되지 않을 때 인간의 힘으로는 어쩔 수
없는 재앙이 생기기도 한다. 최근 들어 심각성을 더해가고 있는 기후변화
현상을 보자. 이는 지구촌의 물 문제를 더욱 복잡하고 어렵게 만들고 있는
데 그로 인해 발생하는 심각한 문제 중의 하나는 해마다 많은 이들의 목숨

을 빼앗아가고 있는 수인성 질병이다.

 수인성 질병이란 말 그대로 물이 원인이 되어 생기는 질병을 의미하는데, 그 대다수가 바로 깨끗한 물을 적절히 분배받지 못하는 데서 생겨난다. 이를테면 오염된 물을 마시고 병에 걸리는 일, 또는 아예 물이 부족해서 겪는 물 부족과 관련된 질병 모두가 이 수인성 질병에 해당된다. 현재 전 세계 인구의 30%를 넘은 20억 명 이상이 절대적인 물 부족 문제로 곤란을 겪고 있는데, 세계보건기구(WTO)의 발표에 의하면 매년 전세계에서 180만 명이 수인성 질병으로 사망한다고 한다. 그 중 5세 미만의 어린이가 전체 사망자의 90% 정도로, 모두 불충분한 물과 위생 문제로 목숨을 잃고 있다.

 보다 심각한 문제는 이와 같은 수인성 질병이 발생하는 대부분의 나라가 물이 절대적으로 부족하며 깨끗한 물을 공급할 수 있는 능력도 없는 저개발 국가라는데 보다 심각한 문제가 있다. 더구나 이러한 저개발국가들은 대규모 질병 발생 사태에 대한 대처 방안도 거의 없는 상황이므로 더욱 우려스럽다. 그런가 하면 이제 물 문제는 어느 한 국가만의 문제가 아니다.

 2002년 지속가능발전 세계정상회의(World Summit on Sustainable Development)는, 6대 의제에 만성적인 물 부족과 비위생적인 식수로 고통받는 20억 인구를 절반 수준으로 감축하는 목표를 포함시킴으로써, 전 세계가 물 문제에 대한 심각한 현실을 충분히 인식하고 있다는 것을 보여주었다.

우리나라도 유엔에 의해 물 부족 국가로 분류된 상황에서 낙동강의 수자원 부족 문제는 지구의 기후변화가 진행됨에 따라 더욱 심각해질 것으로 예상된다. 뉴욕타임스(NYT)는 최신호(07년 10월 21일)에서 미국 서부 지역의 심각한 물 부족 현상을 보도하면서 물의 소유 및 활용에 있어 국제간의 분쟁 발생 가능성을 언급하였다. 뿐만 아니라, 물 부족에 따른 물의 가치 상승으로 가까운 장래에 물이 국제 시장에서 원유와 같이 거래될 것이라고도 하였다.

　안심하고 먹을 수 있는 물과 쾌적한 물환경(수환경)은 결코 저절로 얻어지는 것이 아니며, 물은 우리에게 생명과도 같은 존재임을 알 수 있다. 물은 개개인에게 소중한 자연일 뿐만 아니라, 건강한 국가를 위한 기본적인 조건이기도 한 셈이다.

풍부한 물과 도시의 조화

물이 하나의 랜드마크처럼 여겨지는 도시들이 있다. 세계에서 가장 유명한 물의 도시를 들자면 독일의 프라이부르크, 네덜란드의 암스테르담, 이탈리아의 베네치아를 들 수 있다. 또한 중국의 상해나 항주(杭州), 소주(蘇州), 일본의 오사카 등도 역시 물로 유명한 도시다. 이 중에 중국의 항주는 경항(京抗) 대운하의 기착지로서, 최근 운하를 복원시켜 물류뿐만 아니라 관광·레저로 많은 관심을 불러 일으키고 있으며, 소주는 도시 전체가 큰 수로와 작은 물길로 연결되어 있는 아름다운 도시다.

오사카도 마찬가지다. 오사카 시내의 도심부는 도지마강·도사보리강, 히가시요코보리강, 기즈강, 도톤보리강 등 4개의 강을 중심으로 조성되었으며, 여기에 요도강이 이를 하나로 묶어주고 있다. 이 강을 중심으로 하천의 면적이 도심부의 약 10%를 차지할 만큼 오사카는 대표적인 물의 도시라고 할 수 있다. 실제로 이곳을 방문하는 여행객들은 400년 전에 만들어진 운하에서 유람선인 '아쿠아 라이너'를 타고 요도강을 지나다 보면, 상업도시의 역사와 문화가 물속에 비친 조화롭고 아름다운 풍경을 즐길 수 있다. 강변에 잘 조성된 벚꽃 길은 봄이 되면 화사한 빛을 풍기며, 곳곳에 들어선 공원들이 자아내는 수변공간의 정취는 그야말로 쾌적함과 여유로움을 선사한다.

여기서 중요한 것은 이곳의 아름다움이 단지 겉으로 드러난 모습뿐만이 아니라는 점이다. 물의 도시들이 가진 아름다움은 원래부터 가지고 있던 자연의 모습 때문이기도 하지만, 그것보다 더 큰 부분은 도시를 아름답게 가꾸고자 했던 시민과 정부의 노력, 그리고 물의 문화를 향유하고 아름답게 지켜나가고자 하는 시민들의 열정 때문에 가능했던 것이다. 이는 인간이 거주하는 도시가 물과 인간의 조화로 인해 얼마나 더 아름다워질 수 있는지를 여실히 보여주는 증거다. 깨끗하고 풍부한 물(하천, 운하 등)이 존재하는 도시는 시민들을 행복하게 할 것이다. 그리고 도시의 지속적인 발전을 가져올 것이다.

깨끗한 물이 일궈내는 국가 비즈니스 - 부산과 오사카

'물이 좋은 도시' 오사카를 다시 한 번 보자. 오사카 사람들은 수돗물에 대한 거부감이 거의 없으며, 수돗물을 그대로 마신다. 오사카 시민들이 안심하고 마시는 수돗물의 원수(정수처리하기 전의 물)는 비와호나 댐에서 강으로 유입되는 물이다. 반면 부산 시민은 부산시가 생산한 수돗물을 직접 마시는 비율이 0.6%에 불과하다. 왜 이런 차이가 발생하는 것일까?

그것은 바로 수돗물 원수에 대한 신뢰의 문제이다. 오사카 시민들은 수돗물의 원수에 대해 신뢰하고 있으나, 부산 시민들은 그렇지 않다는 것이다. 이는 수돗물 생산에 사용되는 원수가 낙동강 하류의 오염된 강물이라는 사실을 부산 시민들도 잘 알고 있기 때문이다. 그래서 최첨단 수준의 정수처리시설에도 불구하고 수돗물을 그대로는 거의 마시지 않는다.

오사카 시민들이 안심하고 수돗물을 마시는 또 다른 이유는 오사카 정수 시설의 중심에 요도강 수계 물환경정보시스템이 존재하기 때문이다. 이 시스템은 주소 등의 위치 입력을 실시하면, 해당 지역의 수도가 어디를 수원으로 해서 어떤 경로(정수장과 상수관망)를 통해 도달하는지, 또 사용 후에 버려진 하수가 어떤 경로(하수관망과 하수처리장)를 통해 바다나 강으로 유입하게 되는지를 알 수 있게 해준다. 그리고 이 정보를 오사카 시민들과 공유함으로써 시민들 스스로가 감시하고 관심을 가질 수 있도록 독려하고 있다. 그리고 이 같은 오사카의 시스템은 현재 시가현, 교토부, 나라현, 미에현까지 확대 실시되고 있다.

이와 같이 오사카의 수돗물은 깨끗한 원수와 첨단 정수기술 그리고 요도강 수계 물환경정보시스템 등을 통해 시민들이 안심하고 마시고 있으며, 여러 나라들에서 연수차 오사카를 방문해 정수 시스템을 배워간다. 실제로 오사카부에서 발행하는 〈활기찬 오사카〉 제 4호에 실린 내용을 보자.

"오사카부의 수돗물은 후생노동성의 '맛있는 물 연구회'가 정리한 맛있는 물의 요건을 거의 만족시켰으며, 시민들을 대상으로 벌인 조사에서도 시판되는 미네랄워터에 뒤지지 않는다는 평가를 얻고 있습니다. 오사카에서는 수도는 물론, 화장실 세면대나 욕실에서도 수도꼭지를 틀면 언제든지 고도로 정수 처리된 물이 나옵니다. 오사카에 오시면 안심하고 수돗물을 드십

시오."

이 글을 읽다 보면 수돗물에 대한 불신이 뿌리 깊은 우리의 입장에서는 부러움을 느낄 수밖에 없다. 사실 좋은 물은 도시의 생활 수준에 결정적인 영향을 미친다. 물은 마시는 용도 이외에도 산업과 국가 비즈니스에 중요한 역할을 담당하기 때문이다. 실제로 오사카의 '깨끗한 물 만들기 운동'은 생수 산업 등의 비즈니스에도 큰 영향을 미치고 있을 뿐만 아니라 깨끗한 물을 이용한 주류와 음료수 등의 독자적인 산업까지 발전시켰다.

한 예로 세계적인 맥주 브랜드 아사히맥주를 살펴보자. 아사히맥주회사는 오사카부 스이타시의 깨끗하고 풍부한 물과 편리한 교통을 이용해 세계적인 맥주회사로 뻗어나가고 있다. 뿐만 아니라 산토리의 창업자는 전국을 대상으로 살펴본 뒤에 바로 이 오사카에 일본 최초의 위스키 증류소를 만들었다. 여러 종류의 술 중에서도 위스키는 물맛이 품질을 결정하게 되는데, 이후 이 증류소에서는 세계적 명주인 싱글 몰트 위스키 '야마자키'가 탄생했다.

이외에도 일본 술인 고슈운, 이사카주조장 등 무려 13곳의 술 주식회사들이 이곳에 자리 잡고 있으며, 차를 마시는 다도 문화, 좋은 물로 만든 멋진 음식으로도 유명하며, 이 관광상품들은 매년 수많은 외국 관광객을 불러들이는 역할을 담당하고 있다.

대운하는 맑은 물을 만든다

　　맑고　깨끗한　물은　인간의　삶을　풍요롭게 만든다. 맑은 물을 만들기 위한 정수시설과 오염된 물을 깨끗하게 만들기 위한 하수시설의 체계화는 모두 인간 노력의 결과물이다. 사람의 손이 물 환경을 최대한 보존하고 살려내는 데 이바지한 것이다. 그런 의미에서 인간과 물은 공존하고 공생하는 관계일 수밖에 없다. 그것은 대운하 건설에도 어김없이 해당되는 이야기다. 그러므로 하천을 준설하는 기본 목적은 하천을 망치기 위해서가 아니라 살리기 위해서라는 점을 가장 먼저 생각해 볼 필요가 있다.

　　지금껏 우리나라의 강은 오래 동안 방치되어 왔다. 낙동강만 봐도 이 사실은 분명해진다. 낙동강의 중상류 지역은 일제시대와 산업화 시대 그리고 고랭지 밭 개간 등을 하면서 산림 개발이 벌어졌고, 그로 인해 현재 비가 내릴 때마다 대규모의 토사가 강으로 계속 흘러들고 있다. 뿐만 아니라 중하류 지역도 다양한 종류의 유해 화학 물질과 중금속이 함유된 퇴적토가 두껍게 깔려 있다. 부산시 낙동강연구센터의 분석에 의하면, 강원도 태백, 경북 봉화와 달서의 폐광 지역과 수계 인근의 공단 지대에서 흘러든 카드뮴, 납, 비소, 수은 등의 유해물질이 강바닥을 떠돌고 있다고 한다. 더 나아가 하천변 경작지와 고랭지 밭에서 사용되는 비료 성분도 낙동강 부영양화의 주요 원인이다.

이제 낙동강은 사람의 손길이 필요한 시점에 다다랐다. 대운하 사업의 시작은 바로 이 지점에서 시작된다. 그러나 아직까지도 대운하 사업에 대한 환경 분야의 여러 가지 논란이 존재한다.

논란의 중심이 되고 있는 몇 가지 문제를 살펴보면

첫째, 대운하 사업은 우리나라의 주요 하천을 콘크리트로 도배하여 생명이 존재할 수 없는 죽은 강을 만들 것이다.

둘째, 운하의 주운수로(배가 다니는 길) 확보를 위해 보와 갑문을 만들면 하천의 유속(물이 흘러가는 속도)이 느려지고 물이 고이게 되어 부영양화와 수질오염이 심각해질 것이다.

셋째, 운하의 수심 6m 이상을 확보하기 위해 준설을 실시하면 부유 물질이 떠올라 물이 탁해지고 하천 생태계를 파괴하며, 또한 홍수 위험이 높아질 것이다.

넷째, 이와 같은 여러 가지 이유로 낙동강과 한강은 더 이상 상수원(수돗물 생산을 위한 원수)으로 이용할 수 없다는 것이다.

먼저 경부운하 사업에 의해 낙동강과 한강이 콘크리트로 뒤덮일 것이라는 주장은 터무니없는 말이다. 경부운하의 계획에 의하면, 전체 수로연장 500km 중에서 약 93%의 구간은 기본적으로 자연하천 상태로 이용한다. 하천변에 콘크리트를 타설하여 인공하천을 만드는 것이 절대 아니다. 아울러 하상준설(하천바닥의 퇴적토와 퇴적오염물을 걷어내는 일)도 하천 전체 폭이 아니라 배가 다니게 되는 저수로 구간만 실시함으로써 제방은 현재 상태로 유지되며, 둔치와 하천은 생태하천과 인공습지 등으로 조성되어 오히려 친환경적인 모습이 될 것이다.

현재 낙동강의 수질오염의 가장 중요한 원인 중 하나는 하천의 물 부족이다. 그러나 운하가 건설되면 준설과 수중보와 갑문 설치로 인해 남한강에 3억 톤, 낙동강에 7억 톤의 물이 추가로 확보될 수 있다. 또 갈수기(비가 오지 않아 가뭄이 든 시기)에는 선박운항과 하천 수량의 확보를 위해 충주호(저수량 27억톤)에서 연간 2억 톤의 물이 낙동강으로 공급되어 갈수기 수량 부족에 따른 수질오염 문제는 상당 부분 해결될 수 있을 것으로 기대된다.

낙동강 부영양화의 주된 원인은 장기간에 걸쳐 하천 바닥에 퇴적된 인(P)

성분과 비점오염원(불특정 배출경로를 통해 오염물질을 발생시키는 지역을 의미하며, 비점오염원으로는 축사, 고랭지 밭, 하천변 경작지, 도로 등으로 광범위함)에 의한 영양 염류의 유입이다. 따라서 부영양화 방지를 위한 가장 근본적인 대책은 퇴적 오염물의 제거와 더불어 수계로 유입되는 오염물질을 차단하는 것이다.

현재 낙동강의 하천변은 많은 지역이 경작지로 이용되면서 하천에 비료와 농약 등의 오염물질을 배출하고 있다. 이 과정에서 강변의 자연상태 식생(지표를 덮고 있는 전체 식물공동체를 의미함, 식물군락과 혼용하기도 함)은 대부분 사라져 버렸다. 이런 상황에서 경부운하 사업은 경작지로 이용되는 천변 부지에 강변식생(riparian vegetation)을 조성함으로써 오히려 낙동강 수계의 비점오염원을 차단하여 부영양화에 대한 우려를 낮출 수 있다.

그런가 하면 장기간에 걸쳐 바닥에 쌓인 퇴적오염물이 수질 오염의 주요한 원인이 된 낙동강 하류와 금강·영산강 하류도 운하 건설 시 바닥을 준설하여 오염물을 청소함으로써 수질개선의 효과를 확실히 볼 수 있다.

실제로 미국과 유럽의 경우도 하천 바닥의 퇴적물을 걷어내어 수질이 개선된 사례가 빈번했으며, 최근에는 미국 아이오와 주가 2004년에 Three Fires 호수의 퇴적물 약 390,000㎥을 제거한 뒤에 2006년의 환경조사에서 수질이 개선되고 어류의 성장이 좋아졌다는 결과를 보고한 바 있다.

또한 국내에서도 이미 이 같은 준설로 형산강과 태화강을 다시 살려낸 사례가 있다. 1997년부터 하도정비가 시작된 형산강의 경우 수질이 놀랄 만큼 깨끗해져 다시 은어가 돌아오기 시작했다.

또한 2002년 몰아친 태풍 루사와 2003년 한국 전역을 공포에 떨게 했던 태풍 매미가 몰아쳤을 때도 큰 피해를 입지 않았다. 그런가 하면 태화강은 준설 후 관리가 유지되면서 불과 몇 개월 지나지 않아 이 물을 공업용수로 사용할 수 있게 되었다. 그리고 이후 4년간 깨끗한 물에서만 산다는 연어들이 계속해서 돌아오고 있다.

운하! 오해를 넘어 진실로

Q : 21세기형 진공흡입방식 준설은 무엇인가요?

A : 하천 준설 시에는 반드시 바닥의 오염 퇴적 물질을 걷어내는 작업이 필요합니다. 하지만 과거에는 이 같은 준설 시 부유물질들이 물 위로 떠오르거나 물을 혼탁하게 만드는 경우가 많았고, 심한 악취와 부유물질이 확산되어 많은 문제를 일으켰습니다. 진공흡입방식 준설은 마치 진공청소기로 먼지를 빨아들이듯 퇴적물을 거두는 최첨단 기술을 의미합니다. 이 시스템은 무 혼탁 상태로 퇴적물을 끌어올려 혼탁으로 인한 수질 악화 문제를 해결할 수 있으며, 시공 면에서도 효율성이 높아 하천, 저수지, 항만 등의 수질환경 개선에 폭넓게 활용될 것으로 기대되고 있습니다.

　　생태계의 교란 문제도 마찬가지다. 자연을 바꾼다는 것은 어디까지나 긍정적인 요소와 부정적인 요소가 함께 한다. 중요한 것은 부정적 요소를 최소화하려는 노력이다. 이를테면 니카라과 생태운하 계획(EcoCanal S.A. Project)을 참조해 모래톱의 준설 깊이를 조절해 하천 생물들의 서식환경을 최대한 보존해주고, 가능한 한 있는 그대로의 지형을 살리는 기법을 사용할 수 있다. 물론 여기에는 많은 조사와 노력이 필요할 것이다.

이제 '물은 생명이다' 라는 말만으로는 이 시대의 물을 다 설명할 수 없다. 물은 가장 기본적인 국민의 인권이자, 동시에 경제의 성장 동력이 된다. 그리고 깨끗한 물은 이제 '건강한 식수' 를 넘어 시대를 아우르는 상징적인 줄기가 되었다. 이러한 시점에서 우리는 한반도 대운하가 풍요로운 환경과 경제 효과라는 두 마리 토끼를 모두 잡을 수 있도록, 그래서 대한민국을 또 하나의 '물의 국가' 로 부상시키는 견인차가 되도록 해야 할 것이다.

대운하는 홍수와 가뭄을 예방한다

낙동강은 거의 매년 몸살을 앓는다. 갈수기가 되면 물이 부족해 수질이 악화되고, 태풍과 집중호우가 시작되면 어김없이 홍수가 발생한다. 이 같은 재해에서 발생되는 피해는 고스란히 그 주변에 거주하고 있는 국민들에게 떠넘겨진다.

실제로 우리나라에서 매년 발생하는 수해 피해액은 최근 10년간 연평균 약 2조 원에 달하며, 수해복구비만도 연평균만도 약 3조 원에 이르는 것으로 알려져 있다. 특히 이 같은 어려움을 겪고 있는 지역은 충북, 경북, 경남 도서 지역으로, 대개 지금껏 지역개발 과정에서 소외되어온 곳들이다.

이에 2006년 건교부에서는 국가 차원의 치수와 이수, 하천 환경 전략인 '수자원장기종합계획'을 내놓았는데 이 중에 '장기종합계획'이라는 말을 염두에 둘 필요가 있다. 이는 현재 진행하고 있는 방재 대책이 지역에 대한 물 공급의 안정성 문제와 지역적 특성을 고려해야 한다는 점에서 시작한다. 즉 매해 벌어지는 홍수와 수질 악화에 대한 방재가 일회성이나 소모적인 형태여서는 안 되며, 시간이 걸리더라도 근본적 치유가 필요하다는 말이다.

그러나 현재 진행되고 있는 '수자원장기종합계획' 또한 이 같은 문제를 해결하지 못하고 있다. 정부 예산에서 소모되는 방재 비용들은 매해 절감되기는커녕 그 수위를 계속 유지하고 있기 때문이다. 이는 장기적으로 대처할 만한 시설 정비나 건설 등이 미래지향적인 안목에서 제대로 진행되지 못했기 때문이다.

이런 시점에서 경부운하 사업은 낙동강 재해 예방 차원에서도 한몫을 담당하게 될 것으로 예견된다. 일부에서는 운하 사업이 수위를 상승시켜 낙동강의 홍수를 오히려 부추긴다는 주장도 나오고 있지만, 운하는 보, 홍수조절지, 주운댐, 천변습지 등의 저류 시설을 확충해 당연히 홍수를 감소시킨다는 것이 보편적인 중론이다. 그도 그럴 것이 운하의 수로와 수중보는 퇴적토가 높게 쌓인 상태의 바닥에 그대로 짓는 것이 아니라 준설을 통해 깊은 수심을 확보한 뒤에 짓기 때문이다. 이처럼 수심이 깊어지게 되면 우선 자연스레 하천의 수위가 하강하게 된다.

또한 준설에 의한 홍수 방재 효과도 당장 우리 주변에 위치한 하수도를 통해 살펴볼 수 있다. 이를테면 여름 장마철이나 집중호우 시에 하수도가 넘치는 것은 그해 겨울동안 하수관거(각 가정에서 사용하고 버린 물이 흘러가는 하수도)의 퇴적물과 협잡물 등을 제거하지 않고 방치하였기 때문이다. 반면 미리 준설한 지역들은 웬만큼 많은 비가 내려도 하수도가 막힘없이 잘 흘러가게 된다. 하수도뿐만 아니다. 도심 곳곳에는 소규모의 하천들이 많이 존재한다. 이들 하천들도 장마나 태풍에 대비하여 준설을 통해 퇴적물과 협잡물을 제거한 경우에는 주변 지역이 침수 피해를 겪지 않는 사례를 충분히 보아왔다. 농촌 지역의 농사용 저수지도 마찬가지다. 비가 잘 내리지 않는 겨울철 갈수기에 저수지 바닥에 쌓인 퇴적물을 걷어낸 경우에는 그 다음해 비가 내렸을 때 빗물을 충분히 저장해 농업용수로 활용할 수 있었으며, 아울러 장마와 태풍이 닥쳤을 때에도 물의 저장 능력이 충분해 둑이 무너지거나 파손되는 피해를 입지 않았다.

이외에도 경부운하 사업을 통해 가뭄 대책 또한 유기적으로 이루어질 수 있다. 운하 자체의 저수량이 크게 높아지면 수자원이 풍부해질 뿐 아니라 기존의 댐을 연계 운영하여 추가로 용수를 확보할 수 있기 때문이다. 그리고 천변 저류지와 습지, 홍수조절지, 홍수소통용 방수로(집중 호우 시에 홍수를 예방하기 위해 물길을 돌려 바다로 보내는 통로) 등을 이용하여 사시사철 풍부한 수자원을 확보할 수 있다. 즉 댐과 수중보, 물줄기를 이용해 연중 풍부한 물 확보는 물론, 전국토에 대한 물의 효과적인 배분에도 큰 역할을 할 것이다.

운하건설국가의 환경 영향 보고서

자연환경을 바꾸는 것은 분명 여러 가지 영향을 가져온다. 운하의 건설도 물길을 변형시킨다는 면에서 마찬가지다. 이때 가장 주안점을 두어야 할 부분은 다른 사례들을 통해 운하 건설 이후 나타날 여러 현상들을 최대한 예측하는 것이다. 그렇다면 다른 나라들은 운하 건설을 통해 어떤 효과를 얻었는지, 또 어떤 점에 주의해야 할지를 살펴보는 것 또한 중요한 일이다.

가장 먼저 영국을 보자. 영국의 경우는 운하를 관리하는 기관인 AINA(The Association of Inland Navigation)가 존재한다. AINA가 발표한 내륙운하의 장점을 보면 첫째, 가뭄과 홍수에 대비할 수 있다는 점과 둘째, 수자원의 확보가 가능하다는 점이다. 운하의 효과는 그뿐만이 아니다. AINA는 운하를 통해 주변 경관을 아름답게 만들어 환경자원을 다양하고 풍부하게 꾸려갈 수 있다고 강조한다. 또 한편으로 AINA는 이 모든 부분을 충족시키는 운하를 건설하기 위해 몇 가지 주의점이 필요하다고 말한다. 다음은 AINA가 제시한 운하의 기본 조건들이다.

- 첫째, 운하의 부영양화를 막고 오염을 방지하려면 반드시 운하 주변의 농촌과 도시에 하·폐수 처리 시설을 설치해야 한다.

- 둘째, 산업화로 피폐해진 지역에 운하를 건설할 경우는 동식물의 서식지를 반드시 개선해야 한다. 이때 야생동물이 개체 증식을 위한 장소로 운하를 이용할 수 있어야 한다.

- 셋째, 운하를 통해 사회·문화적 가치를 창조하고 생태계를 보호하려면 건설 단계에서 환경 영향을 평가하고 친환경적인 선박을 설계해야 한다.

- 넷째, 제방이 침식되거나 생태계에 미치는 악영향을 막기 위해서는 충격 흡수가 가능한 둑을 설계하고, 선박도 물결을 최소화할 수 있는 형태로 만들어야 한다.

그런가 하면 템즈강 유역의 켄넷 에이본(Knnet&Avon) 운하도 수질 변화에 대한 영향도를 조사한 바 있다. 이 조사에서는 켄넷 강 유역의 오염물질의 농도 범위를 조사한 결과 지질학적 발생원과 농지 경작 및 하수 오염물질이 주 오염 원인으로 밝혀졌다. 이때 물이 잘 흘러 수질이 좋아지는 현상이 나타났는데, 운하를 건설한 지역에서 그 효과가 더 뚜렷이 나타났다. 이 연구에 의하면 수질개선에는 용존산소가 필요한데, 비가 내리면 하상퇴적물이 떠올라 수질개선에 사용될 용존산소의 30%를 소모해 버림으로써 수질이 악화 된다고 한다. 그리고 운하를 건설하게 되면 그 하상퇴적물을 청소하는 작업이 함께 진행되므로 수질 개선에 더 큰 효과를 가져오게 된다는 것이다.

마찬가지로 아일랜드의 새먼 강과 에렌 협곡 운하도, 주변 환경 개선에 뚜렷한 영향을 미친 바 있다. 환경 변화 관찰을 위해 이곳을 방문하는 관광객들을 조사해 보니, 인공수로와 자연하천이 연결된 이 지역이 깨끗하고 안전하다고 느끼고 있었던 것이다.

이처럼 운하는 어떻게 건설하는가가 중요하다. 즉 운하는 꼼꼼한 선례 조사와 치밀한 계획만 동반된다면 그 어떤 건축 구조물보다 환경과 경제에 상당한 긍정적 영향을 가져올 수 있다. 다시 말해 현재 당면한 문제는, 운하를 건설하느냐, 건설하지 않느냐가 아니라 '어떻게 건설하는가' 라고 볼 수 있다.

6 장

지구 곳곳의 운하를 찾아서

운하는 깨끗하고 아름다운 뱃길이다

아주 오랜 옛날 나루터는 이별과 만남의 상징이었다. 하루에 몇 대 남짓 배가 들어오면 사람들은 길게 줄을 서서 배를 탔다. 떠나는 사람이 있으면, 도착하는 사람이 있었다. 아쉬운 작별 인사가 나눠지고 나면 기다리던 사람들은 배에 몸을 실었다. 노 젓는 뱃사공의 느릿한 노랫소리에 맞춰 유유히 흘러가는 물결을 바라보면서, 지나간 한 시름을 잊고 또다시 살아갈 힘을 얻었다. 강은 그렇게 나루터를 통해서야 인간에게 길을 열어주었고, 또다시 인간은 배를 타고 움직임으로써 분리된 각 지역을 연결하고 통합하는 역할을 맡았다.

그리고 오랜 세월이 흘러 우리는 다시 강과 물길을 하나의 국가적 화두로 이끌어냈고, 거기에서 바로 대운하 계획이 탄생했다. 운하는 우리 국토의 물길을 이어 커다란 뱃길을 복원하는 일이다. 다만 옛날의 나루터가 몇 안 되는 승객들과 짐들을 나르기 위한 것이었다면, 현대적 의미의 운하는 다목적 기능을 수행하는 국가적 사업이다. 단순히 짐과 승객을 나르는 것에 멈추지 않고 홍수 조절, 관개 배수, 전력 개발, 물류 수송, 내륙 개발 모두를 위한 물길인 것이다.

특히 내륙 운하는 내륙의 강과 강을 연결해 그 유동성을 한껏 높인 수로로서, 광대한 내륙 지방을 개발할 수 있는 중요한 원동력이 된다. 내륙에 현대적인 의미의 나루터인 항구도시를 건설해 관광 산업을 발전시키고, 친수 공간을 확대시켜 삶의 질을 한결 풍부하게 관리하는 작업인 것이다.

실제로 운하는 비단 우리나라에서만 논의되고 있는 화두가 아니다. 이미 미국, 캐나다, 파나마, 방글라데시, 인도, 일본, 중국, 모로코, 그리스, 이집트, 네덜란드, 독일, 러시아, 벨기에, 스웨덴, 스페인, 아일랜드, 영국, 이탈리아, 포르투갈, 프랑스, 핀란드 등 전 세계 32개의 국가에 100여 개의 운하가 존재한다.

이 각국의 운하들은 도로, 철도 등 여러 수송 수단 중에 가장 친환경적인 수송 수단으로 평가받고 있으며, 각국의 랜드마크로서의 역할을 충실히 해냄으로써 경제와 문화 두 마리 토끼를 잡는 훌륭한 초석이 되고 있다.

우리나라에서 운하 개발에 대한 주장이 최초로 등장한 것은 이미 수십 년 전부터였다. 나날이 커지는 물동량이 2020년이 되면 2~3배로 증가하게 될 상황에서 고속도로든 철도든 운송 수단의 확충이 절실히 필요했기 때문이다. 그리고 이에 대한 대안으로 가장 친환경적인 운송 수단인 물길, 그 중에서도 한강과 낙동강의 물길을 연결해 뱃길로 이용하자는 주장이 학계와 지자체에서 되풀이되어 왔다.

이처럼 친환경이 중심 논의로 떠오른 것에는 이유가 있었다. 무엇보다도 우리 도로와 철도 사정, 그리고 공사 자재의 확충으로 인한 환경파괴 문제가 심각하게 대두되었기 때문이다. 도로와 철도의 경우 이미 포화상태인 것은 물론, 만일 고속도로를 하나 더 지을 경우 운하 건설 시보다 몇 배나 가혹한 환경 파괴를 감수해야 했다.

예를 들어 중부내륙고속도로는 151km의 구간에서 터널이 20개, 절개지가 405개소, 이곳에 깔린 콘크리트만 해도 여의도 면적의 3.6배에 달한다. 반면 경부 뱃길은 수로터널 21km 외에는 자연 하천을 그대로 사용한다.

그런가 하면 도로 운송 시 배출되는 배기가스도 문제로 지적되었다. 한국은 현재 탄소배출량 세계 9위의 국가인 데다, 1990년 이후 배출량 증가율 85.4%로 세계 최고 수준이며, 이로 인해 2013년 교토의정서에 의무 가입을 눈앞에 두고 있다. 실로 부끄럽고 시급한 일이 아닐 수 없다. 대기오염과 환경 보호를 위해 트럭의 운송을 줄이고 운하의 건설과 사용을 적극 권장하는 유럽의 마르코폴로 플랜과 비교해볼 때, 대한민국이 '환경 선진국'으로 향하는 고지는 멀어만 보인다. 결국 이 시점에서 운하 건설은 우리의 전통 뱃길을 현대적으로 살려 문화적 아름다움을 복원하는 일인 동시에, 하나의 국제 질서라고까지 여겨지는 친환경 운송을 몸소 시행하는 일이 될 것이다.

잠깐 Q&A

운하! 오해를 넘어 진실로

Q : 수심 확보와 유지는 어떻게 하게 되나요?

A : 대형 컨테이너 150개 이상을 실은 2500톤급 바지선을 운항하려면 약 6m의 수심이 필요합니다. 이를 위해서는 전체 강의 폭 중에서 일부를 준설해야 합니다. 그 총 구간은 약 100m~ 300m인데, 준설할 때는 반드시 친환경 공법을 사용해 생태계 보존을 최우선으로 해야 합니다. 또한 이처럼 깊어진 수심은 배가 다니는 길을 만들어낼 뿐만 아니라 적재하는 물의 양이 많아져 홍수와 가뭄에 대한 방재 효과도 동시에 가지게 됩니다.

Q : 고도 차이는 어떻게 극복하나요?

A : 경부운하의 핵심은 바로 한강과 낙동강의 물길 연결입니다. 이 물길은 조령지역에 해발 약 110m에 총 연장 21km의 수로터널이 계획되어 있습니다. 이처럼 배가 다니는 물길은 선박의 높이

만큼 교량도 높이가 있어야 합니다. 이때 선박의 통과 높이에 미치지 못하는 일부 재래식 교량들은 보수되거나 교체될 예정입니다. 그런가 하면 뱃길에서 가장 중요한 것은 각 구간마다 다른 고도의 차이를 극복하는 일입니다. 여기에는 세계적으로 운하가 발전할 수 있도록 밑바탕이 된 갑문을 이용할 수 있습니다. 예를 들어 하류에서 상류로 배가 이동할 경우 하류에서 배가 들어오면 하류 측의 갑문을 닫고 갑실의 물을 상류 수위까지 채운 뒤 상류 측 갑문을 열어 배를 내보내는 방식입니다.

Q : 총 공사비는 얼마입니까?

A : 경부운하의 경우 예상 총 공사비는 약 14~17조 원으로 추정됩니다. 이 중 절반 정도의 공사비는 하천 준설로 얻게 되는 골재를 판매함으로써 충당할 수 있고, 나머지는 민자유치를 통해 해결합니다. 즉 국민에게는 부담을 지우지 않는 것을 원칙으로 합니다.

Q : 예상 공사 기간은 얼마입니까?

A : 현재 하천은 국가 소유지이며, 대한민국 대운하 건설은 이 기존 하천을 재사용하는 가운데 이루어지므로 용지 매입의 문제가 거의 없다고 볼 수 있습니다. 또한 세계적으로 인정받고 있는 우리의 토목과 건축, 선박, 조선 기술 등을 잘 활용하면 4년 안에 공사를 마무리하는 것이 얼마든지 가능합니다.

영산강과 금강의 물길이 다시 태어난다

경부운하와 동시에 또 하나의 중요한 물길이 동시에 건설될 예정이다. 바로 호남을 가로지르는 영산강운하와 충청 지역을 가로지르는 금강운하다. 경부운하가 낙동강과 한강을 중심으로 이루어진다면, 호남·충청운하는 각각 영산강과 금강을 중심으로 역사적인 순간을 맞이하게 된다. 이 중에 영산강운하는 경부운하와 동시에 착공될 예정인데, 경부운하보다 상대적으로 공사가 어렵지 않아 2~3년이면 완공될 것으로 예상된다.

우선 영산강은 현재 심각하게 오염된 상태다. 수질에서 '등급 외'를 받았을 정도로 심지어 농업용수로도 사용하기가 힘든 상황이다. 더구나 영산강은 물고기가 산란을 못하여 어린 고기조차 없고, 잡은 고기는 기형어에다 붉은 반점이 나타날 정도로 오염이 심각하다. 그리고 대장균수도 5배 수나 많아 피부병이 생기기 때문에 강물에 들어갈 수도 없다. 따라서 영산강운하는 가장 먼저 수질 개선을 위한 하수처리 시설 보강부터 시작해 운하 건설에 돌입할 것이다. 영산강운하는 기존의 영산강 뱃길을 고스란히 살려 강만 준설하면 될 정도로 어렵지 않은 공사 구간이다. 1차적으로 운하 준설이 시작되는 구간은 광주~목포 사이의 84km이며, 이 구간은 총 3개로 나뉘어져 그 사이마다 고도 수위를 위한 갑문이 각각 설치될 예정이다.

그렇다면 이처럼 운하가 준설되었을 때 영산강 유역에서 재발견되는 경제적 가치는 어느 정도일까?

무엇보다도 지금껏 내륙의 낙후 지역이라는 이미지를 씻을 수 없었던 광주 지역이 항구 지역으로 탈바꿈하게 된다. 이는 연이어 진행될 산업 발전과 관광 효과가 얼마나 클지를 짐작케 하는 부분이다. 또한 이 같은 산업 발전에 따라 상권 발달 등 또 다른 부가 산업들이 자라날 것이다.

그런가 하면 충청권을 관통하는 금강운하를 보자. 금강 운하는 금강 하구~대전 갑천 합류점을 잇는 126km 구간과 미호천~오송 산업단지를 연결하는 14km의 두 구간으로 나뉜다. 금강을 타고 대전으로 올라온 배가 갑천 합류점에서 갑문을 통과해 미호천으로 들어간 뒤 오송 산업단지로 흘러들게 되는 것이다. 이 금강운하를 위해서는 금강하구에 이미 설치된 보를 제외하고 부여와 공주의 행정복합도시에 3개의 보만 추가하면 된다.

  이 같은 영산강 · 금강운하는 장기적으로는 더 통합된 물길을 가지게 된
다. 시일이 지나면 다시금 경부운하와 합쳐지는 공사가 이어지기 때문이
다. 이는 영산강과 금강이 낙동강 · 한강과의 역사적인 해후를 하게 되는
순간이며, 더불어 전국 국토의 물길이 하나로 합쳐지는 통합과 희망의 순간
이기도 하다.

관광의 명소, 영국 운하 성공기

유럽에서 손꼽히는 관광국가인 영국에
가면 빼놓지 않고 방문하는 곳이 있다. 바로 템스강이다. 현재 영국은 런던
중심을 유유히 가로지르며 흐르는 템스강을 중심으로 영국의 모든 지역이
운하로 연결되어 있다. 이른바 그레이트 카넬(Great Canal)이다. 이 그레이
트 카넬은 지금껏 영국의 경제와 관광 개발에 핵심적인 역할을 해왔다.

영국을 방문해 보면 운하에 대한 영국 사람들의 생각을 정확히 알 수 있
다. 이제 운하는 영국인들의 생활과 밀접한 공간이자 소중한 관광자원이
다. 이미 그들에게 운하는 경제와 물류를 위해 반드시 필요한 자원이며, 누
구도 이 운하 개발에 대해 지탄하거나 후회하지 않는다. 실제로 그레이트
카넬은 물류 운송을 위한 효율적인 길 역할을 해내는 동시에, 무엇보다도
영국 특색의 관광 자원으로서 제 몫을 다하고 있다. 이는 영국뿐만 아닌 운

하를 가진 여러 다른 유럽 국가들도 마찬가지다.

세계의 장벽이 열리고 여객 운송이 발달하면서 지구촌은 치열한 관광 경쟁 시대로 접어들었다. 심지어 "관광이 나라와 지역을 먹여 살린다"는 말이 나올 정도다. 이는 더 이상 생소하지 않은 이야기이며, 실제로 유럽의 경우는 1950년부터 관광의 중요성을 깨닫고 이를 위해 각고의 노력을 쏟아 부었다. 이 같은 노력 속에서 가장 대표적으로 탄생한 결과물이 바로 운하다.

영국의 경우는 이미 18세기부터 산업혁명을 맞이해 본격적으로 운하 건설을 시작했다. 내륙교통수단이 절실히 필요했기 때문이다. 그러나 약 200년이 흐른 지금 영국의 운하는 단순한 물류 운송 도구가 아닌 관광과 복지의 핵심적 역할을 담당하고 있다. 그렇다면 영국 운하가 가져온 경제 문화적 효과는 어떤 것이 있을까?

현재 영국은 비싼 물가에도 불구하고 유럽에서 가장 사랑받는 나라다. 실로 물과 자연 경관이 아름답게 어우러진 공간을 전국 어디에 가도 쉽게 발견할 수 있다. 자연과 인간의 삶의 조화가 도시 어디에나 그림처럼 그려져 있다고 해도 과언이 아니다. 이 같은 친환경적인 문화 복지의 실현은 영국에 대한 인지도를 한껏 높였다.

그런가 하면 다양한 운하 관광 루트가 개발되면서 영국인들의 국내여행이 대폭 증가했다. 이는 매해 해외여행 비용으로 어마어마한 지출을 하고 있는 한국에도 시사하는 바가 크다. 현재 영국은 운하와 강, 항구를 연결하는 총 3,219km의 워터웨이(Water Way)를 보유하고 있으며 매해 31조 원이라는 관광 수익을 낸다. 그리고 이 중에 상당 부분이 바로 영국 국민들의 관광 비용이다. 즉 나라 안에서 쓴 돈이 고스란히 나라 재정으로 돌려지는 것이다.

또한 영국은 운하를 통해 균형 잡힌 지역 발전을 이루어냈다. 영국의 운하가 수많은 관광객들을 몰고 오기 전인 1980년대 이전만 해도 그 근교에는 대부분이 농사와 가축 사육을 생활 수단으로 삼아 생계를 유지했다. 그러나 운하로 인해 관광객들이 많아지자 부수적으로 외식업과 숙박업 등의 다양한 직종에 참여할 기회가 많아졌고, 이것이 곧 지역 소득의 증대로 이어졌다.

현재 한국은 경제대국으로서의 면모를 서서히 갖춰가는 중이다. 하지만 그 과정에서 정신적 · 문화적 면모는 경제의 속도를 따라잡지 못했다는 것이 중론이다. 이 같은 상황에서 관광 산업의 발전은 국민의 문화와 복지 부분에 긍정적인 영향을 미칠 뿐만 아니라 경제적 효과까지도 가져올 수 있다.

실제로 세계의 대표적 관광 도시들 중 많은 수가 해양에 위치하고 있거나 물길을 근처에 두고 있으며, 그에 상응하는 잘 설계된 레저 시설과 다양한 인프라를 갖추고 있다. 또한 물을 닮은 정신적인 여유 또한 이 같은 도시들의 특징이다. 영국의 경우 꾸준한 생태복원사업의 결과, 운하 근처에 다양한 동·식물이 서식하고 있는데, 고니, 오리, 왜가리, 물총새, 붉은뇌조 등을 볼 수 있으며, 밤에는 습지로부터 개구리와 두꺼비 소리를 들을 수 있다. 운하가 지나가는 터널 속에서는 박쥐가 관찰되기도 한다. 이런 면에서 볼 때 한반도 대운하의 건설은 우리의 내륙 항구와 해양 항구 도시들이 친환경적인 세계 도시로 거듭날 수 있는 중요한 기폭제가 될 것이다.

라인강의 기적, 독일 운하 체험

디셀도르프, 도르트문트, 에센에는 공통점이 있다. 바로 라인강이 그 중심을 흐르고 지나간다는 점이다. 지금 이곳은 하루도 빠짐없이 바쁘게 생산품들을 내륙 주운을 통해 브레멘 항구, 함부르크 항구로 실어 나른다. 그 만큼 물류 이송 활동이 활발하다는 의미다. 사실 과거만 해도 이곳은 무연탄과 철강을 채취하는 광산촌이었다.

그러나 이곳에 운하가 들어서면서 놀랄 만한 물류 혁신이 이루어지고 주변에는 산업 도시가 거대하게 들어섰다. 실로 이곳은 독일의 경제 중심지라고도 할 수 있는데, 독일 인구의 4분의 1이 이곳에 밀집되어 있으며, 주목받는 공업지역인 루르의 경우는 세계 3대 산업 도시로 급부상하는 기염을 토해낸 바 있다.

라인강과 연결되는 독일의 도시들이 이처럼 혁혁한 발전을 이룰 수 있었던 데에는 엄연히 내륙 수로인 RMD 운하가 존재한다.

이 RMD 운하에는 긴 역사가 있다. RMD 운하 계획이 처음 등장한 것은 793년 프랑켄의 카알 대왕에 의해서였다. 이후 1845년에 바이에른의 루드비히 1세가 기술자를 동원해 도나우와 라인강을 잇는 운하를 개통했다. 그후 1921년에는 RMD 주식회사가 설립되어 대형선박 운항이 가능한 대형 운하가 본격적으로 건설되기 시작했으며, 그로부터 무려 반세기가 넘은 1992년 드디어 지금의 RMD 운하가 탄생했다.

이 같은 RMD 운하는 가장 먼저 유럽에 일대 교통망 혁신을 가져왔다. 오래전부터 개발된 유럽의 전 운하망을 연결하는 교량 역할을 함으로써 인근 국가와 활발한 물류 교류의 장이 되었을 뿐 아니라, 물류비의 현저한 절감 효과를 가져왔다. 또한 동서 유럽이 하나로 연결되었고, 운하 주변의 산업들도 놀랄 만큼 발전했다. 처음에는 반발했던 주민들도 막상 운하가 개통된 뒤에는 숙박업 등으로 많은 수익을 올리게 되었다.

현재 라인강은 넥카, 마인, 모젤, 자르 등의 지류와 함께 전 세계를 통틀어 가장 붐비는 내륙 수로로 알려져 있다. 실로 라인강과 연계되는 여러 개의 운하들은 '라인강의 기적'을 일궈낸 일등 공신이다.

국내 56개의 도시들이 바로 이 RMD 내륙 수로와 연결되어 있는 것은 물론이며, 이 수로는 또다시 함부르크, 브레머하펜, 로테르담, 암스테르담, 앤

트워프와 같은 다른 항구 도시들과도 연결되어 있다. 만일 이처럼 촘촘한 연결망을 구성하는 RMD 운하가 없었더라면 독일이 세계 최대의 수출 국가로 자리 잡는 일도 없었을 것이다.

그런가 하면 독일의 철저한 장기적 계획과 안목 또한 라인강의 기적을 불러오는 힘이 되었다. 독일은 19세기부터 강을 운하로 이용하기 위한 목적으로 하천의 직선화를 추진했다.

또한 20세기 후부터는 제방공사를 실시해 지금의 형태로 만들었다. 또한 하천에는 가로지른 형태로 댐과 갑문을 설치해 물의 고도 수위를 조정했다. 꼼꼼한 독일인답게 생태계 보호도 놓치지 않았다. 하천변에 저류지를 만들어 물이 넘쳐 홍수가 지는 것을 막고 습지를 조성해 생태계 보호에 전력을 기울였다.

현재 독일은 '라인 2020'이라는 지속가능 프로그램을 통해 라인강 생태계를 꾸준히 개선시키고 있다. 이 프로그램에는 라인강 생태계의 지속가능 발전을 위한 목표치와 기준이 포함되어 있어 미래의 환경지속성이 담보되고 있다. 철저한 모니터링과 전문가에 의한 종합평가를 통한 프로그램을 시행해 조각났던 습지 서식처가 연결되고, 저수로 밖의 자갈퇴적층이 새로 형성되어 여러 종류의 새가 되돌아옴은 물론, 어류서식처까지 재생되고 있다.

물론 수질도 개선되고 있다. 그로 인해 연어가 바다로부터 라인강으로 되돌아왔을 뿐만 아니라, 자연번식까지 가능해졌다. 이와 관련한 조사에 의하면 현재 300개체 이상의 연어가 700km에 달하는 새로운 어류 이동 통로를 이용하고 있는 것으로 밝혀졌다.

현재 한반도 대운하는 많은 우려와 관심 속에서 조금씩 그 싹을 틔우는 중이다. 만일 우리의 대운하도 독일의 RMD 운하 사례를 충분히 검토한다면 우려들 중 많은 부분을 잠재울 수 있으리라 생각된다.

대운하는 단순히 땅을 파고 콘크리트 벽돌을 쌓아올리는 토목 공사가 아니다. 또한 단순히 물길을 잇는 단순한 공사도 아니다. 경제적 발전은 물론, 내륙의 발전과 더불어 방치된 국토의 친환경적인 관리까지 여러 목적들이 함께 한다. 그리고 독일의 기적을 일궈낸 라인강 연계 운하들은 그것이 얼마든지 실현 가능하다는 것을 몸소 보여주고 있다고 해도 과언이 아닐 것이다.

- 2007. 11. 〈운하와 사람들〉 참조-

7 장

모두가
함께 누리는
물길의 경제

물류 패러다임의 변화

지 금 은   어 딜   가 나   고 속 도 로 마 다
빽빽한 차들을 볼 수 있다. 이는 70년대 초만 해도 볼 수 없는 풍경이었다.
자동차는 부유층들의 전유물이었고 장거리 운송이라는 개념도 희미하기만
했다. 하지만 지금은 어떤가. 도로마다 자가용은 물론 거대한 운송 트럭들
이 질주한다. 폭설이 내리거나 휴일이 되면 도로 사정은 그야말로 답답하
게 굴러간다.

70년대부터 가속화된 우리의 산업경제는 활발한 생산을 목표로 움직였
고, 이후 그렇게 생산된 물건들은 전국 곳곳으로 이동했다. 더 나아가 전자
제품과 자동차 등 한국만의 특수한 기술력이 발전하면서 특화된 제품들이
세계 곳곳에까지 진출하기에 이르렀다. 이는 또다시 물동량의 급속한 증가

를 낳았다. 하지만 우리가 가진 운송 교통로는 대개가 도로였고, 나머지 일부는 철도가 담당했다. 내륙을 흐르는 물길은 방치되거나 어업용으로만 이용되었고, 그렇게 물길이 죽어가는 사이 땅 위의 도로는 발 디딜 틈이 없게 되었다.

그러나 이는 비단 지금만의 문제가 아니다. 일부 보고서에 따르면 2020년 이후 우리의 물동량은 폭발적으로 급증할 것이라 한다. 그렇다면 과연 우리는 그에 대한 적절한 대안을 가지고 있을까?

사실 이에 대한 대답은 궁색하기만 하다. 2006년 건설교통부의 국가기간 교통망 계획에 의하면, 국내화물 수송 수요는 2004년 16.6억 톤에서 2019년에는 32억 톤으로 거의 2배 이상 증가할 것으로 예상된다. 이 중에서도 컨테이너 물동량의 급증은 거의 폭발적이다. 2005년의 수치인 1,521TEU와 비교할 때 2020년의 물동량은 무려 4,741만 TEU로 이는 거의 3배 이상 증가한다. 그리고 이처럼 물동량이 급증할 경우, 현재 우리가 가진 기존의 철도와 도로만으로는 이 물동량을 감당할 수 없게 된다.

이는 현재 도로 수송 점유율만 봐도 쉽게 알 수 있는 사실이다. 2004년의 자료를 보면 현재 우리의 도로 수용 점유율은 90.35%에 달해 거의 포화상태에 머물고 있다. 또한 서울에서 부산 간 화물차의 운반비용은 최근의 유류비의 상승으로 인해 점점 더 높아져가는 상황이다. 이처럼 높은 물류비용을 지불해야 할 경우 기업의 경쟁력이 약화되는 것은 당연한 이야기다.

여기서 살펴봐야 할 점이 하나 있다. 우리나라의 대부분의 운송은 육로수송이며 수로수송은 전무하다는 점이다. 이에 반해 벨기에는 운하를 통한 수송이 14%, 독일은 13%, 네덜란드는 44%를 차지하고 있다. 즉 앞으로 운하를 건설할 경우, 운하를 통한 수송을 20% 정도 늘린다면 육송운송에 비해 상당한 운송비 절감 효과를 누릴 수 있는 것은 물론, 지구온난화의 가속화도 늦출 수 있을 것이다. 그러한 근거는 바로 2500톤급 바지선의 컨테이너 적재 수량이 150~190개로, 물동량 대비 가격을 따져볼 때 이는 화물차 운송 비용의 3분의 1 수준에 불과하기 때문이다. 이 같은 물류비 절감 효과는 기업 경쟁력 강화로 이어진다.

수출과 교역이 경제 부강의 동력이 되는 이 시대, 한반도 대운하는 대한민국을 GNP 4만 불의 시대로 끌어올리는 새로운 힘이 될 것이다. 열린 물길은 정체된 육로를 활짝 개방할 것이며 각 항구 도시들은 세계적인 국제무역항으로 거듭날 것이다. 물길은 물류 운송의 새로운 패러다임을 열 것이며, 도로 위에 흩뿌렸던 비용을 절감함으로써 효율적인 물류 시스템의 완성을 이뤄낼 수 있을 것이다.

대운하의 경제적 효과

관광자원의 개발과 발전

물길 주변으로 친수 환경이 마련되고 관광 및 레저 시설이 주변에 생겨 난다. 유람선 운행을 통해 광대한 자연을 즐길 수 있으며, 중국의 항주운하 나 영국의 운하 관광처럼 관광자원 개발을 통해 국내외 관광객을 유치해 지 역 경제의 활성화에 이바지하게 될 것이다.

바지선을 통한 지속적, 안정적 운송

트럭은 터미널까지 도착하는 시간이 짧지만 화물양은 극히 적다. 그와 달리 바지선이나 화물선은 훨씬 많은 양을 운반한다. 선박의 운항속도는 그 리 걱정할 것 없다. 그것은 선박의 운항속도에서 운하를 어떻게 설계하느냐 에 달려 있으며, 운하는 주로 수출입 화물이나, 모래나 철강, 자재 등 벌크화 물을 운반하기 때문이다. 이런 화물은 퀵서비스처럼 속도가 중요하지 않다. 다만 정해진 시간에 지속적으로, 안정적으로 운송하는 것이 중요하다. 트럭 은 고속도로 체증 등 문제가 상당하며, 또한 화물터미널에서 하루 이틀 걸 리는 체류시간 때문에 수출입에 필수적인 시간 맞추기가 어렵다. 대부분의 수출입 물동량은 신용장을 받아서 미국이나 유럽으로 한 달간 걸려서 간다. 트럭으로 서울에서 부산까지 4시간 만에 도착한다고 해도 바로 외항선에 선적되지 않고, 물류기지에서 하루 내지 이틀을 대기하므로 부산까지 빨리 가는 것보다 정확한 시간에 맞춰서 도착하는 것이 중요하다.

일자리 창출

경부운하 건설 과정에서 30만 명의 일자리가 창출되며, 그에 따른 향후 효과까지 더하면 더 많은 일자리가 창출될 예정이다. 뱃길이 열리고 나면 각종 볼거리, 먹거리, 머물 곳 등 각종 산업과 서비스산업이 활성화된다. 여기에 관광과 레저, 스포츠 등에 이르기까지 그 가능성은 무궁무진하다.

물류비 절감

바지선으로 운송하는 경우, 바지선 그 자체가 창고의 역할을 하므로 창고비 절약 효과도 크다. 화물차는 컨테이너선 1개 내지 2개만 싣고 간다. 그러나 2,500톤 바지선 한 대에 150~190개의 컨테이너를 싣고 가므로 총 물동량과 시간으로 계산했을 때, 고속도로보다 빠르다고 볼 수 있다. 우리나라의 경우 90% 이상이 육로 수송이며, 물류비가 GDP의 12.8%를 차지해 선진국 대비 물류 비용이 높다. 뱃길은 육로 수송에 비해 3분의 1의 수준이기 때문에 지금 배럴당 100달러 시대를 생각하면 에너지 위기에 대처할 수 있는 효과도 있다.

내륙 지역 개발

지금껏 중부 및 호남, 영남 내륙지방은 교통망의 부족 등으로 인력 확보, 시장 접근 등이 어려워 상대적으로 낙후되어 있었다. 그러나 운하가 건설되면 물류 터미널과 선착장 등을 갖춘 내륙 항구 도시가 많아져 공업단지 조성 등 내륙 개발이 촉진되어 국토의 균형 발전의 초석이 마련된다.

교통 혼잡 해결이 이익을 가져온다

지금껏 우리는 물길 또한 하나의 운송 통로가 될 수 있음을 간과해왔다. 쉽게 생각해서 '운송'이라는 단어를 떠올려보자. 아마 대개는 쌩쌩 달리는 고속도로 위의 트럭을 떠올릴 것이다. 이는 몇 십 년간 도로 운송에만 익숙해진 결과다. 반면 지금껏 강은 우리에게 낭만적인 상징이나 상수원의 보고로만 인식되었다.

유유히 흐르는 나룻배, 맑은 물줄기, 인간의 휴식처 등 강에 대해 떠올리는 이미지는 운송과는 거리가 멀다. 슬픈 것은 산업 발전의 그늘에 가려 휴식처로서의 맑은 물줄기나마 제대로 가꾸고 보호하지 못했다는 사실이다.

대운하가 완공되면 가장 먼저 일어나는 변화는, 물줄기가 우리 삶 가까이 다가온다는 점이다. 물이 가져다주는 편안한 안정감은 물론, 그것이 직접적으로 우리 경제에 도움을 주게 된다. 일단 운하가 건설되면 가장 먼저 도로에서 수송되던 물류들이 운하로 이전되게 된다. 이 경우 앞서 설명한 운송비 절감은 물론, 교통 혼잡 또한 감소한다. 도로의 통행속도가 증가해 차량 운행비용과 통행시간이 줄기 때문이다.

그렇다면 보다 상세히 교통 혼잡 편익을 차량 운행 비용 절감 편익과 통행시간 절감 편익으로 나누어 살펴보도록 하자. 우선 차량운행 비용 절감 편익에서 차량 운행 비용을 고정비와 변동비로 분류해 보기로 하겠다. 여기서 변동비란 유류비와 엔진오일 비용, 타이어 마모 비용, 유지 정비비 등이며, 고정비는 차량의 감가상각비, 보험료 및 제세공과금으로 구성된다.

하지만 이 중에 제세공과금과 보험료는 별도 산정 비용으로서 제외하고 유류비, 엔진오일비, 타이어비, 유지정비비, 감가상각비만 고려할 것이다. 또한 통행시간 절감 편익은 업무 통행 시간 가치와 비업무 통행 시간 가치로 구분해 계산한다.

시민환경포럼 2006년 보고에 따르면, 위의 기준으로 한반도대운하 건설에 따른 연간 차량 운행 비용 감소 편익과 연간 통행시간 절감 편익을 계산했을 때, 각각 91.6억 원, 1,652억 원이 산출되게 된다. 즉 운하 건설로 인한 전체 교통 혼잡 절감 편익은 연간 약 1743.6억 원에 이르며, 이를 2006년 기준으로 환산하면 연간 1897.7억 원이 된다. 또한 앞으로 증가할 기름 값을 감안하면 이 같은 편익은 훨씬 크게 증가할 것이다.

실제로 2005년 고속도로 건설 예산이 2조 5900억 원이었는데, 교통 혼잡 비용이 23조 7000억 원이었다는 사실은 놀랍기만 하다. 사실상 우리는 교통 혼잡에 대해 다만 불편하다고 생각할 뿐, 그로 인해 낭비하게 되는 시간적, 물질적 손해는 감안하지 않는 경우가 많았다. 그러나 시간 가치와 여러 유지비, 정신적 측면에서 원활한 교통은 상상 이상의 쾌적한 삶의 질과 이익을 가져온다. 그리고 대운하 건설은 단순히 교통 혼잡을 줄이는 것을 넘어 이를 실질적인 이익으로, 운전자를 더 나은 삶으로 이끄는 가장 효율적인 대안이 될 수 있다.

운하는 부가가치를 생산한다

거 대 한 프 로 젝 트 를 시 행 할 때 는 단순히 그 완공을 통해 얻어지는 경제적 효과 외에도, 그로 인해 파생되는 별도의 부가가치를 바라보는 안목이 필요하다. 우리 사회는 언제나 문화와 경제, 산업 모두가 유기적으로 얽혀서 굴러간다. 실제로 대운하 프로젝트 또한 여러 이름으로 정의될 수 있으며, 각각의 목표에 따라 다른 부가가치 들을 생산해낸다.

첫째, 대운하는 막힌 내륙의 물길을 하나로 잇는 장이다.

그렇다면 여기서 파생되는 이익은 과연 무엇일까? 일단 새로운 물길이 생 김으로써 물류 혁신이 가능해지며, 단절됐던 지역 간의 교류가 활발해진다 는 점이다. 이는 지금껏 고질적으로 여겨지던 지역 간의 갈등 해소에도 도 움이 될 것이며, 보다 아름다운 환경에서 보다 높은 삶의 질을 누릴 수 있는 환경 복지를 형성하는 밑바탕이 된다.

둘째, 대운하는 세계로 진출하는 하나의 토대다.

내륙 항구와 해양 항구가 연결됨으로써 외부 수출이 원활해지고 수많은 교역이 이루어지게 될 것이다. 또한 닫힌 땅에서 열린 땅으로 변모하면서 다양한 가치들이 혼합된 자유로운 정신이 자라날 것이다.

셋째, 대운하는 침체했던 경제를 되살리는 불씨다.

운하가 건설되면 활발한 산업 지구가 형성되게 되며, 그로 인해 많은 분야의 산업들이 유기적으로 발달하게 될 것이다.

예를 들어 관광 · 레저 산업이 중점적으로 시행되면 그 안에 수많은 상가와 서비스 시설들이 들어설 것이며, 또한 이 상가와 서비스 시설을 유지하는 다른 산업들도 함께 발전하게 된다.

넷째, 대운하는 건설 과정에서부터 침체한 경제에 활기를 불어넣는다.

한국은행의 2000년 산업 연관표를 토대로 분석한 결과, 운하의 산업파급 효과 중에 부가가치 창출효과가 11조 7000억 원, 일자리 창출이 30만 명이었다. 완공 이후는 물론 건설 과정에서도 여러 부가가치가 유발된다는 의미다.

건설이란 그 자체만으로도 많은 인력을 필요로 하므로 풍부한 일자리가 생겨날 뿐 아니라, 건설에 필요한 골재의 유통량 역시 대폭 늘어난다. 예를 들어 운하가 건설되면 그 부가가치로 광산품, 음식료품, 목재 및 종이, 석유 및 석탄, 화장제품, 비금속 광물제품, 금속제품, 전기 및 전자기기, 도소매, 금융 및 보험, 부동산 및 사업서비스, 운수 및 보관업 등 수많은 분야에서 운하 건설과 더불어 매출량이 증가하고 편익이 발생된다는 의미다.

운하! 오해를 넘어 진실로

Q : 운하 건설로 발생하는 총 부가가치는 얼마인가요?

A :

운하건설의 부가가치(A)	타 부분에서 유발되는 부가가치(B)	총 부가가치=편익(A+ B)
(부가가치율=0.439) 14조 1천억원×0.439 = 6조 1,984억 원	(부가가치 유발계수=0.39) 14조 1천억원×0.39 = 5조 4,908억 원	(총 부가가치 유발계수=0.83) 11조 6,892억 원

국가의 프로젝트는 다만 하나의 결과물로만 그 효과가 모두 다 드러나는 것이 아니다. 그 주변의 경제적 이익과 활기 또한 엄연히 감안해야 한다. 한반도 대운하 건설은 비단 물길이 생기는 내륙 지역 뿐만 아니라 국토 전체에 엄청난 편익을 발생시킨다. GNP 4만 불로 진입하는 시대에 이 같은 안목은 필수적일 뿐 아니라, 그 이후 몇 십 년간 국민의 인식을 높이고 경제의 추동력을 이끌어내 부강한 나라의 토대를 건설하는 초석이 된다.

건설 경비는 최대한 효율적으로

현재 대운하 건설에 필요한 경비는 대략 14조~17조 원으로 예상된다. 여기에는 보와 갑문 설치비용, 주운수로 설치비용, 수로터널 설치비용, 하천환경정비비용, 터미널 및 시설비용, 제방보강 및 기타비용을 합친 것이다. 이는 대구와 부산 간의 KTX 건설비용이 16조 원이었다는 점에서 천문학적 공사비라고 말하기는 어렵다.

일부에서는 교량 재건 비용에만 최소 약 5조가 든다는 우려를 보이고 있지만, 실제로 재 가설되거나 전환되는 교량은 32개뿐이다. 또한 일견에서 지적하는 암반 지대 굴착 비용 또한 한강·낙동강 일부 구간 준설 때 발생할 가능성이 있지만, 여기에 해당되는 구간은 그다지 길지 않아 큰 비용이 산정될 이유가 없다.

경부운하 공사비 계산	
보 및 갑문	3조 8000억 원
주운수로	3조 7000억 원
수로터널	2조3000억 원
하천환경정비	1조4000억 원
터미널 등 시설	2소3000억 원
제방보강 등 기타	6000억 원
합계 : 14조1000억 원 (최대 17조 원)	

무엇보다도 대운하 공사는 골재 판매와 민자 유치를 통해 비용을 감당하는 것을 원칙으로 삼고 있다. 이는 국민의 혈세를 사용해 또다시 부담을 지워서는 안 된다는 목소리가 높았기 때문이다. 현재 한국수자원공사와 한국지질자원연구원의 연구 결과를 보면, 한강과 낙동강에 개발 가능한 골재는 한강이 2억 6,106만㎥, 낙동강 유역이 5억 7,326만㎥으로 총 약 8억 3,432만㎥에 해당된다.

또한 이것을 전량 채취하는 게 불가능하다는 이론이 있지만 국토연구원의 2006년 자료에 의하면 한강과 낙동강 구간에서 채취할 수 있는 가능량은 개발 가능량의 무려 90%에 이른다. 또한 나머지 10%도 운하 건설 과정에 지천의 하도 정리를 통해 보충할 수 있다.

그렇다면 이렇게 채취된 골재는 과연 전량 판매가 가능할까?

일부에서는 골재가 한꺼번에 채취될 경우 초과 공급되어 가격이 급락할 것이라고 주장한다. 이에 대한 대답은 우리나라 골재 유통 현황을 살펴보면 그 답을 얻을 수 있다.

　현재 우리나라의 연간 골재 수요량은 약 2.4억㎥ 내외이며, 매년 골재량이 부족해 많은 양을 외국과 북한에서 수입하고 있는 실정이다. 이 같은 상황에서 운하 건설 시 채취되는 골재는 골재 초과 공급 문제를 일으키는 것이 아니라, 매년 발생하는 골재의 공급난을 해소하는 방안이 될 수 있다.

　실제로 건설교통부가 발표한 2007년 골재수급계획을 보면, 2007년은 전년도와 비교할 때 6.9%가 증가한 2억 3654㎥의 골재가 필요할 것으로 예상된다. 그리고 운하 건설시 채취될 골재량은 이 같은 수치를 감안할 때 긴 세월도 아닌 3년 4개월 남짓이면 모두 소진될 예정이다. 뿐만 아니라 이 같은 하천 골재 채취는 현재 심각한 환경 파괴를 낳고 있는 산림 골재와 바다 골재를 대체할 수 있다.

　현재 우리가 사용하는 골재의 절반이 바로 산에서 나오는데, 현재 이로 인해 부유토사, 산림훼손 등 많은 문제점들이 대두되고 있으며, 이를 복구하는 데만 해도 많은 예산이 낭비되고 있는 상황이다. 이는 바다 골재도 마찬가지다. 해양 생태계의 파괴는 물론, 연안 침식과 해저지형의 변화 등으로 경기도 지역의 경우는 바다모래 채취 후 꽃게와 까나리, 저서성 어종 등이 보금자리를 잃었고, 전남 지역 역시 자연산 해초, 꽃게, 바지락 등의 어획량이 감소하고 연안침식 현상이 심각하게 나타난 바 있다.

　반면 하천 골재 채취는 일단 바닥을 준설하면서 자연스레 채취하는 것이며, 기본적으로 친환경 건설을 목표로 6m의 수심을 고려하여 주운수로 옆에 저류지, 생태습지를 만들어 한경을 지켜나갈 것이므로 채취 비용이나 생태계 파괴 걱정이 없다. 오히려 바닥의 골재를 캐내어 그 자리에 준설을 함으로써 바닥의 오염 물질들을 깨끗이 걷어낼 수 있고, 그로 인한 골재 판매 이익으로 공사비까지 충당할 수 있는 선순환의 공사인 것이다. 실제로 한강과 낙동강의 골재를 채취 · 판매해 얻을 수 있는 이익은 절반 정도를 담당하게 될 것이다.

8 장

_____

관광과 레저

운하는 관광 대국으로 향하는 지름길

　　불과 반세기 전만 해도 세계는 의식주 해결에 많은 노력을 기울였다. 말 그대로 먹고 사는 것이 최상의 과제였던 셈이다. 그러나 농업 기술이 발달하면서 식량문제가 해결되고, 여기에 석유화학 관련 기술과 토목기술이 발달하면서 의식주 산업은 안정적인 1차 산업권으로 여겨지게 되었다. 이제 세계경제는 농업경제, 산업경제, 서비스경제시대를 지나 체험경제시대로 급격히 진행되고 있다. 지구촌 생활권이 발달하고 GNP가 올라가면서 많은 이들이 더 자유롭고 풍요로운 삶을 꿈꾸게 되었다. 바야흐로 레저와 휴양, 웰빙이 삶의 필수 조건으로 여겨지는 시대가 열린 것이다.

그 중에서도 관광산업은 현재 전 세계를 아울러 무궁무진한 가치를 가지는 신성장 동력산업으로 각광받고 있다. 각 나라마다 특수한 역사문화, 자연 환경과 더불어 인공적인 관광시설 개발로 많은 국내 관광객, 더 나아가 해외 관광객들을 불러들이고 있다.

이제 관광산업은 한 나라의 경제에 무시할 수 없는 경제 추동력으로 자리 잡아가고 있다. 실제 프랑스, 스페인, 영국 등 관광 대국이라고 불리는 여러 유럽의 나라들의 경우는 국가 경제의 상당 부분을 관광 수입이 대체하고 있는 실정이다. 특히 한국과 같은 수출 의존도가 높은 국가의 경우 고부가가치 창출효과가 높은 관광서비스산업이 미래 성장을 가속화시킨다는 사실은 이미 경험적으로 입증되고 있다.

현재 세계 평균 관광 산업의 GDP 기여 비중은 약 10%에 이른다. 이는 관광 산업이 전혀 개발되지 않은 국가들을 염두에 둘 때, 일부 관광산업이 잘 발달한 국가의 경우는 더 많은 GDP를 관광에서 얻고 있다는 점을 시사한다. 그렇다면 우리나라를 보자.

현재 우리나라는 안타깝게도 세계적으로는 물론 아시아권에서도 관광 산업의 비중과 질이 열악한 4% 내외에 머무르고 있다. 경제력 세계 11위의 국가라는 국가 경제 가치와 비교해 볼 때 관광산업이 가지는 비중이 매우 적은 것이다. 하지만 이는 앞으로 개발할 수 있는 관광 가치가 크다는 점과 노력 여하에 따라 발전 여지가 많다는 점에서 하나의 가능성으로도 볼 수 있다.

세계여행관광협회(WTTC)의 추정에 따르면 우리나라의 관광산업은 앞으로 수년간 연평균 15% 성장할 것으로 예상된다. 이때 우리 관광산업의 비중이 만일 세계 평균에만 도달할 수 있어도 우리 국내총생산은 24조 원이 증가하게 된다.

이 같은 관광 산업은 단순히 그 자리에 머무는 대신 고용 유발 효과까지 가져온다. 관광산업의 취업유발계수는 부가가치 10억 원당 52명으로 제조업(14명)의 3.6배, 서비스업(24명)의 2.1배에 이르며, 더 나아가 국가 이미지를 증대시켜 수출 증대 효과까지 얻을 수 있다.

이처럼 관광산업 발전의 효과를 인식한 우리 정부는 매해 관광 자원 개발에 힘을 쏟으면서 외국인 관광객 1천 만 명을 목표로 하고 있다. 그러나 아직 외국인 관광객 수는 그 절반을 조금 넘는 6백만 명에 불과하다. 게다가 해외로 나가는 국내 관광객 수가 오히려 1천 2백만 명을 넘어서면서 우리 관광수지 적자 규모는 2006년 85억불에서 2007년에는 100억불 이상으로 매년 사상 최고치를 돌파하고 있다.

우리나라 관광산업이 이 지경에 이르게 된 데에는 여러 원인이 있겠지만 가장 큰 원인은 세계적인 관광 상품 부족이 가장 큰 원인으로 지적되고 있다. 또한 세계인이 주목할 만한 랜드마크적인 관광 명소가 전무한 것도 그 원인 중의 하나이다.

한편, 중국, 일본, 싱가포르, 홍콩 등 아시아 주변 관광 경쟁국은 관광산업을 성장산업으로 인식하고 국가 차원에서 미래형 관광개발을 지속적으로 추진하고 있다.

이처럼 국내 관광산업의 국제 경쟁력이 떨어지는 상황에서 단순한 지역축제 몇 개 개발해서 우리나라 관광산업의 문제를 해결할 수는 없다. 설사 지역축제라 하더라도 지역축제와 지역문화를 적절히 연계하여 보다 질 좋게 상품화시키려는 노력이 정부와 민간, 지자체 각각의 차원에서 이뤄져야 한다.

이 중에서도 가장 필요한 것은 수도권 중심의 관광산업을 지역 차원으로 확대하는 전략이다. 서울을 중심으로 한 대도시권이 먼저 세계적인 경쟁력을 가지고, 나아가 동해, 남해, 서해의 해안관광권이 국제적인 해양 관광벨트로 개발되고, 동시에 국토의 내륙중심의 관광 인프라가 개선되어야 한다.

그동안 우리는 해양 관광축을 토대로 나름의 관광개발의 역사를 가지고 있다. 이로 인해 만족할 만한 수준은 아니지만 관광시설 개발이 이루어져 왔다. 그러나 대부분이 낙후 지역인 국토 내륙 축의 역사, 문화, 자연경관 등의 관광자원적 가치는 아직도 개발되지 못한 실정이다.

이런 상황에서 우리의 4대 강을 연결하는 운하는 새로운 관광개발 축을 확보하는 동시에 강 주변의 풍부한 문화유산과 지역적 특성을 활용하여 특화 개발하는 좋은 기회가 될 수 있다.

　21세기의 운하는 단순한 수로가 아니다. 또한 고작해야 유람선 몇 대 띄우는 일은 더더욱 아니다. 전통있는 운하를 가진 국가들은 운하 주변에 삶과 친근하면서도 세련된 수많은 관광 시설을 가지고 있다. 이를테면 쾌적한 자전거 도로, 운하 기행 프로그램, 즐거운 체류가 가능한 레저 시설, 각종 수상 스포츠 시설 등이 해마다 수많은 채외 관광객들을 수용하고 있다. 그런가 하면 각종 공원과 예술 문화 시설, 박물관, 캠프 등도 여행의 질을 높이는 데 기여하는 중이다.

　실제로 유럽의 일부 중소도시는 작은 규모에도 불구하고 그곳에 사는 주민 수의 50배 넘는 관광객들을 받아들인다. 또한 그를 통한 숙박업과 관광업, 기념품 판매 등으로 농사나 목축 이외의 많은 수입을 얻는다. 즉 운하의 개설은 수많은 관광객들을 농촌과 중소 도시로 유도하고, 그로 인해 지역 주민들의 삶을 풍요롭게 만드는 최고의 방책이 될 수 있다.

운하! 오해를 넘어 진실로

Q : 운하를 통한 관광산업 발전 효과는 어느 정도일까요?

A : 첫째, 한국은 다른 아시아 지역에 비해 볼거리가 부족합니다. 실제로 한국의 경우는 체류형 관광 상품이 거의 전무하며, 외국인 관광객의 체류일도 평균 3일을 넘지 않고 있습니다. 이런 상황에서 운하는 한국을 대표하는 거점 관광으로 개발될 수 있습니다. 예를 들어 이탈리아의 베니스를 봅시다. 이곳이 세계인의 오랜 사랑을 받고 있는 것은 물과 함께 하는 친환경적인 구조는 물론 현대적인 편의 시설이 적절히 들어서 있기 때문입니다. 그리고 우리의 운하 또한 이런 점을 고려해 자연친화적이면서도 한국적인 모습을 갖춘다면 충분한 경쟁력을 확보할 수 있으며, 운하관광이 전무한 아시아의 관광 실정에서 대운하가 건설되면 아시아 지역의 대표적인 운하 관광지로 거듭나고, 그것이 또다시 대한민국의 랜드마크로 성장할 것입니다.

'물의 도시'에서 바라본
대한민국 대운하

    그렇다면 작은 도시가 한 해 수십 만 명의 관광객을 끌어들이는 저력은 어디에서 나오는 걸까? 대운하 건설 프로젝트의 이면에는 이처럼 많은 해외 운하의 사례들이 숨어 있다. 세계적인 몇몇 관광 도시들의 경우, 실제로 운하가 경제적 부흥에 미치는 영향은 어마 어마하다. 지금부터 이탈리아 북부 베네토 지방을 가보자.

  이곳에는 베네치아 주의 행정 중심지이자 주요 해항지였던 이른바 '물의 도시' 베네치아가 있다. 베네치아는 세익스피어의 '베니스의 상인'으로 유명한 도시로 한때 지중해 전역에 세력을 떨쳤던 해상공화국의 요지였다. 이런 베네치아에는 특수한 점이 있다. 이곳이 오랜 역사와 물이 어우러져 세계 최고의 관광 도시로 성장했다는 사실이다.

베네치아는 운하, 예술, 건축 등 독특하고 낭만적인 분위기로 잘 알려져 있다. 실제로 베네치아는 프랑스의 파리와 더불어 유럽 여행을 꿈꾸는 이들이 가장 가고 싶어 하는 도시로 손꼽힌다. 유서 깊은 베네치아 시는 북동쪽에서 남서쪽까지 약 51km로 뻗은 초승달 모양의 석호 중심부에 자리 잡고 있는데, 그 중심에 바로 운하들이 있다. 서로 연결된 이 운하들은 118개 섬 사이를 이어주는 수로 역할을 하며, 이 섬들 사이로 중심 수로인 그란데 운하(Canal Grande)가 2개의 넓은 만곡부 주위를 흘러 도시를 통과한다.

그렇다면 운하 주변에는 어떤 건물들이 지어져 있을까?

베네치아는 오랜 유서를 간직한 도시답게 그 지역적인 특성에 맞는 고풍스러운 대저택들이 많다. 그런가 하면 교회, 해상 주유소 등 낭만적이고 편리한 시설들까지 잘 갖춰져 있다.

베네치아가 이탈리아의 경제의 중심인 북부 평야를 배후지로 활기찬 항구 도시로 발전한 것은 19세기부터였다. 이때부터 베네치아는 항구의 지역적 특성을 이용해 마르게라, 메스트레 등 대안 지역이 근대공업지대로 발전했으며, 현재는 공업항을 포함한 베네치아 항의 취급 물량이 이탈리아에서 세 번째에 달하게 되었다. 그런가 하면 이곳에 사는 이들도 마찬가지로 최고의 관광 도시답게 주민 대다수가 관광업과 유리, 레이스, 직물 생산 같은 관광 관련 산업에 종사한다.

베네치아의 중심은 뭐니 뭐니 해도 그란데 운하다. 이 그란데 운하는 역 S

자형의 총길이 3.8Km로 베네치아 중심부를 흐르며 베네치아의 중심 도로 역할을 하며, 그 운하를 따라 역사적인 문화유산들이 늘어서 있다. 12~18C에 걸쳐 세워진 대리석 궁정과 산 시메오네 피콜로 교회, 페사로 궁전, 고딕건축의 카도로, 베네치아의 명소 레알토 다리 등이 바로 이 운하 곁에 자리 잡고 있는 것이다.

또한 왼쪽 연안에는 베니에르 데이 레오니 궁, 레초니코 궁, 포스카리 궁, 피사니 궁, 페사로 궁이 있으며, 오른쪽 연안에는 코르테르 델라 카 그란데 궁, 코르네르 스리넬리 궁, 카 도로, 그리마니 궁이 있다.

그런가 하면 운하 양편으로는 화려한 귀족풍의 저택들이 늘어서 있어 수상버스나 곤돌라를 타고 구경하는 관광객들의 탄성을 자아낸다.

또한 베네치아 시는 관광개발의 차원에서 대운하 연안의 17~18세기 바로크식 건물인 레초니코 궁전(Palazzo Rezzonico) 안에 베네치아 18세기 박물관(Museo del Settecento Veneziano)을 세웠고, 이 박물관은 18세기 베네치아의 생활과 문화를 알 수 있는 소중한 자료로서 많은 관광객들의 관심을 끌고 있다.

사실 베네치아의 성공은 단순히 문화유적이 뛰어나다는 것 때문만은 아니었다. 이들은 무엇보다도 자신의 문화유적을 활용하는 법을 잘 알았고, 일단 개발한 뒤에는 확실하게 관리하고 보존했다. 그런가 하면 베네치아는 관광객들이 좋아할 만한 요소들을 잘 개발했다. 이를테면 베네치아에서는 운하 위를 떠다니는 아름다운 곤돌라들이 하나의 상징처럼 여겨진다.

11세기부터 대중교통수단으로 사랑을 받아온 곤돌라는 그 외양이 마치 동화 속에 등장하는 배를 닮았다. 베네치아는 오래전부터 운하 위에 이 배를 띄워 유람용으로 사용하도록 했으며, 유람선이 등장한 뒤에도 곤돌라는 변함없이 관광객들의 사랑을 받고 있다. 많은 관광객들이 밤에 곤돌라를 타고 악사가 연주하는 음악을 들으며 물에 비친 베네치아 도시를 바라보며 여행의 정취를 누리는 것이다.

우리나라의 4대 강 유역에는 지금껏 발굴하지 못했던 수많은 문화 유적들이 존재한다. 또한 미처 특화시키지 못했던 전통과 음악, 음식, 그 외에도 수많은 자산들이 있다. 중요한 것은 장기적인 안목으로 이를 개발하고, 더 나아가 세계 속에 선보이는 일이다.

관광 산업은 실질적인 관광 인프라도 중요하지만, 무엇보다도 그 나라의 특수한 문화 속에서 발전한다. 지금껏 우리가 몰랐던 우리의 가치를 되새겨보고 고증하고, 선보이는 일이 대운하 관광에서도 중요한 화두로 떠오른 것도 이런 이유에서다.

한반도 대운하의 관광축,
레인보우 벨트

흔히 관광산업, 정보통신산업, 환경산업을 세계 3대 미래 산업이라고 한다. 특히 관광은 21세기 고부가가치 서비스산업으로서 외화 획득, 고용 창출, 투자 촉진을 통한 경제성장과 삶의 질 향상, 인적 교류와 문화교류를 통한 세계화, 지방화 촉진, 국제적 이해관계 증진 등 다양한 파급효과를 유발한다. 이처럼 효과가 다양한 만큼 많은 나라들이 국가 발전을 위한 수단으로 관광산업의 육성을 위해 노력하고 있는 것도 무리가 아니다.

문제는 우리나라는 관광 흡수력이 약하고 관광 인프라도 부실해 외래 관광객 유치에 적신호가 들어 와 있다는 사실이다. 그러다 보니 필리핀이나 베트남보다도 못한 관광 후진국으로 전락해 있다. 정말로 안타까운 일이 아닐 수 없다. 그러나 또 하나, 인지해야 할 사실이 있다. 아직 우리는 제대로 된 관광 개발을 시작해본 적이 없으며, 더불어 앞으로 잠재력이 무궁무진한 관광 축을 가지고 있다는 사실이다.

우선 가장 큰 이점은 동북아 중심의 지정학적 입지와 일본, 중국의 관광 시장이 우리와 인접해 있다는 사실이다. 서울에서 비행기로 2시간 30여 분을 날아가는 곳을 보면, 인구 100만이 넘는 도시가 무려 43개나 자리 잡고 있다. 게다가 이처럼 서울과 연계된 이 동북아 지역들은 앞으로 몇 년 후부터는 더 많은 관광객들을 불러들이게 된다. 심지어 미주를 제치고 세계 제2위의 관광시장으로 부상할 것이라는 전망까지 나오고 있다.

이는 2020년이 되면 전 세계 여행객 4명 중 1명이 방문하게 될 정도의 수치다. 바로 여기에 핵심이 있다. 즉 그 2020년 전에 우리가 훌륭한 관광국으로 성장할 수만 있다면, 세계와 소통하는 관광대국으로 자리 잡을 수 있다는 뜻이다.

그러나 이를 위해 먼저 선행되어야 할 것이 있다. 바로 우리 역사와 현대를 잇는 5천 년의 역동적 문화와 계절성 있는 자연 자원을 최대한 활용한 관광 인프라를 구축하는 것이다. 즉 각 지역의 볼거리, 놀거리(리조트, 테마파크, 국제적 축제)는 물론, 살거리(토산품, 기념품), 먹거리(전통음식, 식당) 등의 유인 요인을 만들어야 한다. 그러기 위해서는 운하가 지나가는 물길을 따라 관광권역을 만들고 그 권역들을 벨트화해 관광명소로 발전시키겠다는 복안이 필요하다. 이름 하여 Rainbow Tourism Belt(레인보우 관광벨트 또는 레인보우 벨트)가 바로 그것이다.

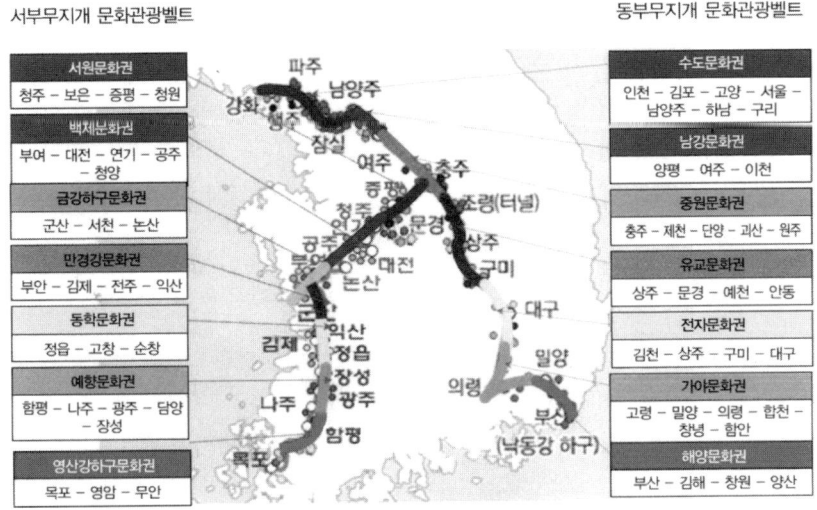

표1. 한강-낙동강, 동 무지개 벨트(East Rainbow Belt)

문화권 명칭	지역	비전	상징 색
수도문화권	김포-고양-서울-인천-남양주-하남-구리	한강의 기적, 국제 컨벤션 도시	보라색
남한강문화권	양평-여주-이천	쇼핑 및 야외레저	남색
중원문화권	충주-제천-단양-괴산-원주	자연경관 중심 휴양관광	파랑색
유교문화권	상주-문경-예천-안동	정신문화의 수도	초록색
전자문화권	구미-대구-김천-상주	첨단전자 문화	노랑색
가야문화권	밀양-의령-합천-함안-고령	자연생태/어메니티 관광	주황색
해양문화권	부산-김해-창원-양산	해양스포츠 관광	빨강색

표2. 영산강-금강, 서 무지개 벨트(West Rainbow Belt)

문화권 명칭	지역	비전	상징 색
영산강하구문화권	목포-영암-무안-함평	해륙 문화 관광 도시	빨강색
예향문화권	나주-광주-담양-장성	아시아문화예술중심도시	주황색
동학문화권	정읍-고창-순창	세계전통음식문화도시	노랑색
만경강문화권	부안-김제-익산	복합적 농촌문화도시	초록색
금강하구문화권	군산-서천-부여-논산	생태관광도시	파랑색
백제문화권	대전-연기-공주-청양	백제문화예술도시	남색
서원문화권	연기-청원-대전	청원교육문화중심도시	보라색

이처럼 레인보우 벨트는 한강과 낙동강의 7개 관광권역을 체류형 관광, 체험형 관광으로 유도하여 지역의 관광문화를 진흥시키기 위한 계획이다. 그러나 이 같은 계획은 정부만의 노력으로는 좋은 성과를 얻기 힘들다. 무엇보다도 지역의 주체인 지역민들의 자각과 노력이 절실하게 필요하다. 즉 내 지역을 보다 살기 좋은 곳으로 만들고, 더 나아가 소중한 지역 유산들을 더 많은 이들에게 보여주고자 하는 문화 나눔의 의식이 중요하다. 여기서 잊지 말아야 할 점은 대운하는 다목적 사업이라는 점이다. 즉 단순히 한 가지만을 잘 이뤄내기 위한 사업이 아니다. 마치 물줄기 자체의 속성이 그렇듯이 여러 가치들이 어우러져 그것이 미래에까지 뻗어나가는 것이 최종 목적이다. 따라서 모두가 이를 자각하고, 이를 위해 지역과 정부 모두가 협심하는 가운데 관광대국으로서의 한국의 미래를 활짝 열어가야 한다.

운하! 오해를 넘어 진실로

Q : 운하 관광을 지역과 함께 할 때 시너지 효과는요?

A : 운하 건설은 단순히 물길을 잇는다는 눈에 보이는 결과보다는 그로 인한 파급의 효과를 더 많이 생각한 사업입니다. 그 중에 가장 중요한 부가 효과라고 할 수 있는 관광 개발은 우리 문화유산의 개발뿐만 아니라 일자리의 창출과 경제 성장까지 가져옵니다. 이 같은 상황에서 지역 자체의 준비 작업 또한 중요합니다. 운하가 건설된다고 해서 갑자기 관광 명소가 불쑥 생겨나는 것은 아니기 때문입니다. 현재 바다를 끼고 있는 부산, 인천, 포항 등이 외국 관광객 유치와 해양 휴식 공간 마련을 위해 대형 수로 건설에 잇달아 뛰어들고 있는 것도 이 같은 요구를 잘 알고 있기 때문입니다.

인천

현재 인천은 가장 먼저 수로개발 사업에 착수해 인천경제자유구역 국제 업무단지 내에 있는 12만평 규모의 중앙 공원에 이를 조성하기로 했습니다. 이 수로 건설은 국제 업무단지 개발 시행사인 송도신도시개발(미국 게일인터내셔널과 포스코건설의 합작사)이 맡기로 했으며, 중앙 공원을 포함한 수로 개발을 위해 모두 2000억 원을 투입할 예정입니다. 이 인천 수로는 2009년 완공될 예정으로 총 길이 1.8km에 너비 12~110m, 최대 수심 1.5m로 베니스 운하의 형태로 조성, 인천 국제업무단지의 비즈니스 환경을 세계 최고 수준으로 높이게 될 것입니다. 이 수로변에는 공원과 산책로, 자전거 도로 등을 만들고 수로를 둘러싼 중앙공원에는 박물관, 보트하우스, 조각공원, 전망 데크 등이 조성되어 주거와 업무, 관광 개념이 결합되게 됩니다.

부산

부산시는 올해 부산북항 재개발과 동시에 수로를 조성할 계획입니다. 수로 일대에는 레저 · 비즈니스 시설을 집결시켜 해양 관광을 축으로 한 태평양 관문도시가 갖춰지게 됩니다. 부산항 1~4부두를 관통하는 수로는 길이 4km, 너비 40~100m에 수심 3m 규모로 총 3000억 원이 투입되며, 내년에 공사에 들어가 2020년 완공될 예정입니다. 이곳에는 관광용 수상 버스와 택시들이 운항되며 곳곳에 녹지 · 수변공원과 교량, 길이 8km의 해변 산책로, 각종 건축물 등이 들어서게 됩니다. 또한 수로와 연결되는 1, 2부두 앞과 연안여객터미널 자리에 들어설 해양문화지구에는 해양테마파크와 수변 테마공원, 해양문화관, 예술의 전당, 아시아 민속촌, 한류 테마관, 수족관, 해양레저센터, 카지노 등 관광 · 위락시설이 생길 것입니다. 이 같은 공사가 모두 완료되면 호주 시드니의 달링하버나 일본 요코하마 미라토미라이, 영국 런던 도크랜드 등 외국 유명 해양 관광지와 비교해도 손색없는 해양 도시가 탄생할 것입니다.

포항

마찬가지로 경북 포항시에도 동빈 내항~형산강을 잇는 수로가 1000억 원의 사업비를 들여 1.3km, 폭 19m 규모로 만들어집니다. 2011년 완공 계획인 이 동빈 내항 운하는 전체 폭 40m 가운데 21m에는 인도와 차도가 조성되고, 가운데 운하에는 보트와 소형 유람선이 운항될 예정입니다. 포항시는 영일만에서 동빈 내항, 형산강을 연결하는 운하 수로를 따라 특급호텔, 대형해상회센터, 휴게쉼터 등 해양성 레크리에이션 전용시설을 유치해 포항 최대 해양관광단지로 꾸미겠다는 계획을 밝혔습니다. 이는 바다를 가진 도시들이 수로와 함께 랜드마크를 조성하고 있는 세계적인 추세에 발맞춘 것이며, 수로와 인근 지역의 관광 명소 조성으로 도시 이미지를 높이고 관광객을 끌어들일 수 있는 좋은 기회가 될 것입니다.

대운하와 다시 쓰는 관광 정책의 미래

　　　　　20세기 들어 우리나라도 관광에 대한 새로운 안목으로 미래를 준비하기 시작했다. 실로 관광 대국 실현은 국가 차원의 지원이 절실히 필요한 규모 크고 중요한 사업 중에 하나다. 하지만 시대가 흐르면 모든 게 변하듯, 관광 또한 20세기와 21세기가 다르다. 즉 시대의 흐름에 따라 관광에 대한 안목 역시 달라져야 한다는 뜻이다.

　지금껏 우리는 20세기에 유행한 중심지 이론에 근거한 관광 정책을 펴왔다. 대형 관광 단지를 중심으로 개발해 주변에 파급 효과를 미치는 방식이었다. 이를테면 2002년의 제2차 10개년 관광개발기본계획과 2004년에 시작된 관광진흥5개년계획을 보면 모두 3가지로 나뉜다. 첫째는 국토의 균형 개발 및 관광 자원의 효과적 개발을 도모하기 위한 6대 광역권 개발 사업,

둘째는 자원성과 시장성이 뛰어난 거점을 집중적으로 육성하는 10대 관광 거점 육성사업, 마지막은 관광레저 도시의 개발이다. 이는 기업도시의 한 유형으로 특정 지역에 다양한 관광레저 시설을 배치해 새로운 도시를 건설하는 형식이었다.

그러나 여기에는 몇 가지 문제점이 있다. 이 전략들은 어디까지나 중심지를 선택해 그 위주로 발전하는 만큼 그 주변 지역과 균등한 발전을 이루기가 어렵다. 또한 중심 위주로 흘러가다 보니 각 지역만의 고유한 특성을 살리는 것 또한 쉽지 않다. 예를 들어 시설 위주의 하드웨어 사업으로 치중해 지역 차별화가 고려되지 않고, 행정 구역 단위로 사업이 추진되다 보니 투자의 적절한 분배도 어려웠다. 또한 사업 간의 내용적 · 지리적 연계성이 부족해 만족할 만한 놀거리, 먹거리, 볼거리를 한 곳에 육성하는 일이 쉽지 않았다.

그렇다면 21세기 관광의 패러다임은 어떤 형태로 흘러갈까?
지난 세기의 관광이 대형 관광단지 중심으로 흘러갔다면, 이제는 지역의 특성을 살린 테마 관광이 사랑 받고 있다. 예를 들어 커다란 건물이나 시설보다는 그 지역의 특성을 최대한 살린 볼거리와 먹거리, 살거리, 놀거리, 쉴거리 등이 관광객들의 눈길을 끌고 있는 것이다.
또한 이를 지리적으로나 문화적으로 긴밀하게 연계해 더 큰 인프라를 조성하는 것도 과제로 남았다. 즉 관광자원의 지역적 네트워크화가 필요해진 것이다. 즉 이는 각 지역의 문화적 다양성을 살리되, 이를 긴밀한 네트워크로 엮어 더 큰 파급 효과를 낳는 것이다. 네트워크에는 반드시 루트가 필요하며, 이 루트는 길을 의미한다. 또 이왕이면 옛날부터 있었던 길이면 좋다. 왜냐하면 그 길에는 문화와 역사가 있어 이야기가 있기 때문이다. 그리고 운하야말로 문화와 역사, 이야기가 있는 길이다. 즉 한반도 대운하는 21세기 문화관광 시대에 맞게 과거의 물류(物流)중심에서, 인류(人流, 사람), 문류(文流, 문화), 금류(金流, 비즈니스), 쾌류(快流, 재미와 레저)가 통하고 합쳐지는 새로운 길로 탄생하게 된다.

이 같은 측면에서 대운하는 강 주변의 문화와 자연, 생태 등을 관광 상품으로 개발하는 주춧돌이 될 것이다. 또한 이 같은 개발 노력은 지금껏 산발적으로 흩어져 있던 관광자원을 서로 네트워크화시키게 될 것이다. 실제로 정부는 강 주변에 관광단지 조성을 하겠다는 목적을 밝힌 바 있다.

운하의 양쪽 강변에는 자전거 길을 비롯한 레저 축이 조성될 것이며, 그 가운데 그 지역만의 독특한 자연경관과 문화유산을 토대로 한 관광자원이 생겨날 것이다. 즉 운하가 통과하는 모든 지역마다 관광개발이 이뤄지는 것이다. 이 같은 운하의 수변공간은 지역주민에게는 활기 넘치는 여가공간이 될 것이며 동시에 관광객에게는 볼거리, 먹거리, 쉴거리, 살거리, 놀거리가 있는 열린 공간으로 개발될 것이다.

예를 들어 부산, 인천, 광주 등 거점 운하 터미널 주변에 박물관, 미술관 등 창조적인 문화공간을 개발하면 한강의 노들섬 오페라 하우스와 연계해 세계적인 문화관광 축이 형성될 수 있다. 또한 이를 통해 송도 명품도시~한강 문화관광도시~주요 운하거점 터미널의 문화시설을 연계하여 세계적인 운하 크루즈 상품을 개발할 수도 있다. 더불어 한강을 중심으로 충청~호남 운하와 서해, 경부운하와 남해를 연계하는 OCEAN~TO~RIVER 크루즈 상품을 개발해 중국, 일본의 관광객을 유치한다면, 우리나라 관광산업을 한 단계 업그레이드시켜 세계적인 관광대국으로 성장시키는 계기가 될 것으로 예상된다.

9 장

강에는
문화와
역사가
있었다

강줄기 따라 이어진 문화와 역사

예로부터 우리 역사와 문화의 대부분은 강줄기를 따라 조성되었다. 그것은 사람들이 강과 하천을 주된 이동의 수단으로 삼았기 때문이다. 강을 따라 벌판이 나오면 논밭을 일구어 농사를 지었다. 풍광이 수려한 곳에는 정자나 초막을 지어 시를 짓거나 노래하고 학문을 가르쳤다. 그런가 하면, 우리 강에는 아픈 역사 또한 존재한다. 많은 비가 내리 칠 때면 어김없이 홍수 피해를 입었고, 또한 침략의 발판으로써 가장 먼저 외적의 침입을 당하였다. 이렇듯 우리 강에는 상반된 문화와 역사가 존재한다.

그러나 많은 시간이 흐른 오늘날 우리의 강은 어떤가. 이제 강은 우리의 기억 속에서 지워져 버렸다. 물길은 수많은 쓰레기로 오염되었고, 강의 문화와 역사도 무관심 속에 묻혀 버렸다. 강 유역에 자신들의 고유한 문화나 역사를 고스란히 담고 있는 가까운 일본과 중국을 보면 아쉬움과 부러움이 동시에 느껴지는 것도 이 때문이다. 하지만 아쉬움은 아쉬움일 뿐, 오히려 그것을 한 걸음 더 발전하는 계기라고 생각하면 좋은 기회로 삼을 수도 있다.

먼저 일본을 보기로 하자. 일본은 산이 많은 나라이며, 산 또한 급경사 지역이 대부분이다. 즉 운하를 만들기에 그다지 적합하지 않은 지형을 가지고 있다고 볼 수 있다. 그러나 일본 역시 오래전부터 강줄기가 중요한 이동 수단이었고, 그 좋지 않은 조건을 지닌 국토를 홍수 방지나 재난, 관광, 레저 등으로 이용하고자 하천 정비를 실시했다. 이 중에 비와호에서 발원하여 오사카만으로 흐르는 요도강(淀川)의 경우, 급류 지역이 많았음에도 여기에 완도(Wand)를 설치해 저류지 생물들이 살 수 있는 곳으로 만들었다. 또한 요도강 바닥을 준설하면서 강바닥에서 밥공기나 도자기 등, 급류에 난파된 보물들이 쏟아져 나왔다. 이 유물들 가운데에는 요도강의 역사와 문화를 알 수 있는 자료들도 있었다.

에도시대(1603~1867)의 주운(舟運)에 관한 그림 가운데 하나인 안도 히로시게(1797~1858)의 유명한 그림이 있다. 이 그림은 오래전 이곳을 왕래했던 사람들의 모습을 담고 있다. 당시에는 배에서 밥이나 술 등을 팔았는데, 식사 요금은 밥을 다 먹은 뒤 밥공기로 계산을 했다. 그 중 약삭빠른 손님들이 배 주인을 속이려고 밥그릇이나 사발을 강에 버리곤 했다. 오늘날 준설 공사를 하면서 요도강 아래에서 이 밥공기와 술대접을 건져내게 되었고, 이 소중한 유산들은 당시 서민들의 생활상과 주운의 역사와 문화를 다시 쓰는 데 일조하게 되었다. 현재 요도강 강변에 있는 '요도강 자료관'에는 이처럼 몇 백 년 전의 서민들의 일상생활과 요도강의 문화를 보여주는 자료나 회화, 당시의 도구, 모형 등이 많이 전시되어 있으며, 이를 통해 요도강 강변에 마련된 다양한 산책로와 습지공원까지 또 하나의 문화와 역사의 공간으로 탄생했다. 요도강가에서 아이들은 마음껏 뛰어 놀면서 역사와 문화를 접한다. 그리고 어릴 적부터 문화와 역사를 몸소 체험하고 자연을 사랑하게 된 마음이 어른이 되어서도 영향을 미친다.

다음으로 우리와 가까운 중국을 보자. 중국은 일찍부터 운하를 통해 남쪽의 풍부한 물자를 북쪽으로 운반하여 국가재정을 충당했다. 북경에서 항주(杭州)까지 이어지는 1,794km의 경항 대운하가 가져온 문화적 유산은 실로 다양하다. 남북, 동서 각 지방의 독특한 문화와 역사가 교류했고, 이를 통해 물산, 의식, 복식, 풍속, 민속, 관민예의 등 매우 다채로운 운하 문하가 탄생했다. 항주의 서호를 통해 북경의 이화원이 만들어지는가 하면, 강남의 희곡이나 휘반(徽班)이 북경의 경극으로 발전했다. 이 외에도 이 수경문화(水景文化)는 더 멀리 동서남북으로 퍼져나갔다. 상해의 예원, 소주의 졸정원이나 유원, 사자림, 망사원, 이원과 소흥의 심원, 남경의 개원, 하원 외에 공원들의 수경문화들이 서로 간에 영향을 주면서도 다른 지방의 정원 양식에 기여를 했고, 이 정원 양식은 또다시 서원이나 사찰들의 문화와 융합하여 독특한 양식을 이루어왔다. 그런가 하면 운하는 묘회집시문화(廟會集市文化) 형성에도 영향을 미쳤다. 이로 인해 명·청대 운하 일대의 묘회는 다양한 형태로 발전했고, 이런 묘회가 발전하면서 제신(祭神), 유락(遊樂), 무역 등으로 발전하는 등 어느 한 부분만 한정되지 않고 경제와 사회, 관광 등과 서로 연합해 나타났다.

중국의 항주에는 매년 3천 2백만 명의 관광객이 찾아든다. 소동파나 이백 등 역사적인 인물이 그려낸 문화, 역사 속에 녹아든 서호처럼 볼거리들이 많기 때문이다. 그리고 이 관광객들 중 15% 이상이 지금 항주운하로 몰려들고 있으며, 이에 따라 항주 시는 앞으로 30% 이상의 관광객이 운하를 찾을 것으로 예상하고 있다. 이러한 자신감은 깨끗하게 변한 수질뿐만 아니라 6개가 넘는 생태공원, 거기에 수많은 역사와 문화적인 볼거리나 휴식공간이 자리 잡고 있기 때문이다.

실제로 이처럼 문화와 역사가 넘치는 공간에서 항주 시민들은 물론, 외국에서 온 관광객들까지 항주의 문화에 흠뻑 빠져들고 있다. 그것은 바로 아름다운 운하를 따라 과거의 역사와 문화를 배울 뿐만 아니라 미래의 문화적인 가치들까지 만들어 나가고 있기 때문이다.

우리 강의 아픔을 보듬고

우리 강은 예전에 많은 문화를 생산해낸 주역이었다. 그러나 근현대에 이르러 빠른 운송 수단으로 인해 아예 우리의 관심으로부터 멀어져 버렸다. 이렇게 된 데에는 여러 이유들이 있다. 우리 강은 일제시대 이후 근대화의 바람 속에서 여러 변모를 겪었다. 가장 큰 수난의 하나는 일제의 한반도 지배가 야기한 강의 황폐화였다.

일제는 느리고 유속 변화가 심한 수로보다는 도로를 통한 신속한 물자 이송을 발판으로 만주 대륙을 지배하고자 하는 야욕을 가지고 있었다. 또한 뱃길보다는 도로가 통제와 억제가 용이했으며, 내륙 깊숙이 더 많은 착취를 할 수 있었다. 결국 일제가 뚫기 시작한 철도와 신작로로 인해, 강 위를 떠다니는 물자는 대폭 줄어들게 되었다. 강은 고작해야 소수의 승객과 일부의 물자를 나르는 수송로 역할로 전락했다.

일제가 심어준 강에 대한 무관심은 1960년대 이후 근대화 운동으로 인해 더욱 처절한 상황으로 이어졌다. '잘살아 보자' 라는 구호로 시작한 새마을 운동의 서구 지향주의는 옛것에 대한 부정으로 이어졌다. 집집마다 초가집을 허물어 슬레이트집으로 바꾸어 나갔다. 정겹던 골목길은 넓은 직선 도로로 바뀌었다. 이러한 상황에서 초가지붕 아래 숨겨진 민속적인 문화와 전통까지도 송두리째 사라졌다. 이처럼 근대가 가져다 준 편리함이 어느새 사람들의 마음을 사로잡아 버린 지 오래되었다.

강이나 하천도 예외가 아니었다. 강은 이제 하찮은 존재가 되었고, 쓰레기 방치장으로 전락해 버리면서, 운송 기능을 잃었을 뿐만 아니라 자정능력까지도 상실했다. 드넓은 고수부지는 쓰레기를 먹는 하마 같은 처지가 되었고, 그런 불행이 40여 년 간이나 지속되었다. 그 사이에 돈에 대한 욕망이 커지면서, 농어촌은 더 이상 젊은이들에게 매력적인 장소가 아니었다. 그렇게 한두 사람씩 떠나기 시작해 결국은 한 가족, 한 가문까지 떠나게 되었다. 이처럼 사회가 변하면서 강변의 문화들은 노년층들의 기억 속에만 가물가물한 추억으로 남게 되었다.

이러한 무관심의 근본적인 요인은, 무엇보다도 우리 마음의 황폐화라 할 수 있다. 압축근대가 가져온 빠른 것에 대한 무조건적인 숭배가 강에 대한 관심을 멀어지게 만든 것이다. 빠른 것에 대한 갈망은 무한정한 속도 경쟁 속에서 철도에 이어 고속도로, 비행기, KTX를 탄생시켰다. 그리하여 속도에서 뒤진 배에 대한 이미지는 단지 낭만적인 존재, 그 이상도 그 이하도 아닌 것이 되었다. 오늘날 우리의 IT산업의 일등주의도 이러한 속도와 무관하지 않다. 그런가 하면 자연에 대한 맹목적인 이용 역시 불행을 몰고 왔다. 우리 강은 상류지역에 생긴 수많은 댐과 하구의 물막이 공사로 시름시름 앓기 시작해, 이제 동맥경화 상태에까지 이르렀다.

이것은 비단 어느 한 지역에만 해당되는 일이 아니다. 한강, 낙동강, 영산강, 금강 등 모든 강 유역에서 어김없이 비슷한 일이 벌어졌다. 실제로 영산강의 경우 현재 5급수 이하로, 이곳에 사는 농어민의 생계는 막막할 뿐이다. 잡아온 물고기는 붉은 반점을 가진 기형어가 대부분이다. 물속에 들어가면 피부병이 생길 정도로 대장균수도 다른 강에 비해 5배나 많다. 이러한 모습은 단지 영산강뿐만 아닌, 전국의 다른 강이나 하천들에까지 퍼져나가고 있다.

문화와 역사를 창조하는 새 물줄기

우 리 의   전 통 문 화   요 소 는   대 부 분
강을 통해 이루어졌다. 예전에는 뗏목, 소금 배, 세곡선, 어선, 뱃놀이뿐 아
니라, 배와 관련된 토속신앙 등 풍부한 문화가 존재했다. 그러나 이제는 이
런 하천 문화를 찾아보는 것이 어렵게 되었다. 강의 본래 모습이 사라졌으
니 강 문화도 남아 있을 리가 없기 때문이다.

이제 우리 강도 다시 제 모습으로 되살아나야 한다. 우리 강이 생태 복원
을 통해 그 본래 모습을 되찾을 때만이, 강의 옛 문화와 역사도 되살아날 수
있다. 즉 한반도 대운하는 전통문화의 발굴과 복원이라는 무거운 숙제까지
안고 있는 셈이다. 이 전통문화의 복원과 발전은 4대강 유역의 고유한 민속
성의 복원이자 회복이다.

또한 이러한 회복은 우리 정체성의 형성에 일조할 것이며, 세계적인 문화
유산을 후손에 남길 수 있는 계기다. 이런 측면에서 한반도 대운하는 지역

문화의 중요성을 부각시키는 새로운 성장 동력으로 그 가치를 지닌다. 즉 뱃길을 여는 작업은, 단순히 물길을 여는 일이 아니다. 강 준설은 매장된 문화에 대한 복원의 효과가 크며, 강의 역사와 문화를 살리는 역할까지 담당한다. 뱃길을 반대하는 이들은 환경 파괴, 문화재 파괴를 이야기하지만, 대운하 건설은 오히려 문화재의 발굴이며, 복원이다. 앞서 이야기한 요도강 외 준설처럼 역사와 문화지도를 새롭게 만드는 일이며, 생태문화적 측면에서도 새로운 문화 창출이 가능한 것이다.

일단 뱃길이 열리면 수로를 따라 형성된 고대로부터 근·현대에 이르는 문화의 발굴과 복원이 빨라진다. 예전 수로를 따라 형성된 고대의 역사와 문화가 세상의 빛을 보게 된다. 강변을 따라 형성된 고인돌, 옹관묘, 고분, 성(城), 사원 등이 역사적 유물이 아닌 우리 생활 속으로 다가올 수 있다. 왕건과 장화왕후의 아름다운 사랑 이야기도 테마 축제로 만들어져 민심을 넉넉하게 하고, 해동성왕 장보고의 신나는 역사와 문화가 재평가되어 역동적인 삶으로 다가올 것이다. 또한 백제의 22담로의 세계로 뻗어나갔던 야심찬 역사는 자라나는 후손들에게 꿈과 희망을 가져다줄 것이다. 낙동강 수로를 따라 형성된 사림문화와 찬란한 불교문화 또한 황폐화된 인간성을 순화시켜 줄 것이다. 즉 문화와 역사의 발굴, 복원이라는 의미를 지닌 운하는 단순한 물길이 아니라 우리의 정신과 자연을 일체화시키는 역할까지 담당하게 된다.

그런가 하면 물, 강, 하천과 관련된 민속 문화의 복원도 중요한 과제다. 설화나 토속적이고, 민속적인 전통 요소들이 애니메이션, 영화, 만화 등의 다양한 콘텐츠로 만들어져 산업화로 이어지는 계기가 열리는 것이다. 이는 고대와 중세, 근대, 현대가 어울린 우리 전통을 통해 예전의 잃어버린 정신을 되찾고 황폐화된 마음을 순화시키는 작용을 한다.

또한 지역의 고유한 문화 역사를 통해 재정립된 정신은 뱃길 주변의 수변 공간에서 다양한 문화 체험을 통해 되살아난다. 예전의 정겹던 황토돛배는 물론이고 수많은 유람선, 화물선, 바지선 등과 어울려 물길 따라 인정 넘치는 발길로 가득 차게 되는 것이다.

이제 뱃길은 미역 감고, 조개 주우며, 고기 잡던 낭만을 되찾을 수 있는 기회를 제공해 줄 것이다. 그리고 앞으로 수 백 년, 수 천 년 동안 우리의 후손들이 마음껏 행복을 누리는 축복의 땅을 만들수 있는 무한 가능성의 새로운 동력이 될 것이다.

운하! 오해를 넘어 진실로

Q : 뱃길 준설은 문화재를 파괴하는 일인가요?

A : 문화재청에 의하며 경부운하 예정지 주변의 지정 문화재는 총 64곳, 이외에도 매장 문화로 지정된 곳이 36곳에 이른다고 합니다. 이 중 호남운하와 금강운하의 문화재는 각각 35개소와 67개소인데, 여기서 언급한 지정 문화재란 제방(강둑)으로부터 반경 500m 이내의 지역, 매장 문화재는 유역 반경 50m 이내 지역의 것들을 뜻합니다. 이들 중 한강 유역에 위치한 대표적인 유적으로는, 사적 267호 암사동선사주거지와 사적 11호로 지정된 풍납토성이 있습니다. 또한 국보 6호인 중원탑평리 7층석탑, 사적 400호로 지정된 장미산성도 남한강 유역에 위치해 있으며, 낙동강 유역에도 보물 350호의 도동서원이 자리 잡고 있습니다.

문화재청과 운하 관계자가 보고한 바에 따르면 운하건설은 주로 강둑안의 자연수로를 이용하기 때문에 문화재 매몰이나 파괴는 거의 있을 수 없습니다. 뱃길을 준설할 때는 이러한 매장 문화재의 훼손을 최소화하기 위해 주운보의 시설과 설치를 문화재 조사를 통해 비켜서 설치하게 됩니다. 또한 뱃길 준설은 소음이나 진동이 없어 문화재에 대한 훼손도 걱정할 필요가 없습니다.

지금까지 강 유역에 있는 문화재는 매년 반복되는 홍수로 인해 문화재 파괴가 지속되어 왔습니다. 그러나 뱃길을 준설하면 높아진 강바닥이 정리되어 홍수 때의 높이보다 1.5~2m 수심이 낮아져 문화재 파괴도 방지할 수 있습니다. 또한 역사적으로 우리 강은 중요한 물류 운송로이자 주요 교통로, 그리고 전략적 요충지였던 만큼, 강 유역에 건설된 성곽과 진지, 사찰이 운하건설로 발굴되거나 복원되어 재평가될 것입니다.

전통과 현대의 조화

세 계 에 서 유 명 한 물 의 도 시 들 을 보 면, 회랑도시의 특징을 띠면서도 독창적인 색깔을 가진다는 점을 알 수 있다. 독일의 프라이부르그(Freiburg), 프랑스의 스트라스부르그(Strasbourg), 네덜란드의 암스테르담, 이탈리아의 베네치아 그리고 중국의 상해나 항주, 소주 등이 대표적이다. 이들은 모두 한결같이 물을 잘 활용한 지역들이다. 심지어 사막의 나라 아랍에미레이트의 두바이조차도 인공수로를 활용하여 회랑도시의 멋을 창조하였다.

이처럼 많은 운하선진 도시들은 강 유역에 새로운 문화를 만들어가고 있다. 자신들의 고유한 문화유산에 최첨단 시설을 덧붙여 이를 고유한 미학으로까지 발전시키고 있는 것이다. 이는 연안도시든 내륙도시든 세계적인 오페라하우스나 박물관을 지어 관광객을 끌어 모으는 것만 봐도 잘 알 수 있다. 벨기에는 우리 경상도 정도의 크기인 작은 나라지만 운하와 관련된 문화유산이 넘쳐난다. 뮤즈강과 에스카우강을 연결하는 2,500km의 운하 근처에 독특한 문화유산을 발굴해 공개하고 있을 뿐만 아니라, 110년 전에 만들어진 스트레피-티유라는 선박 리프트가 1998년 유네스코에 의해 세계 문화유산으로 지정될 정도로 놀라울 만한 진보적 기술을 자랑한다. 실제로 이 선박 리프트를 보기 위해 전 세계인들이 벨기에를 찾고 있을 정도다.

그런가 하면 중국도 마찬가지다. 중국은 중경으로부터 의창시의 삼협댐에 이르는 660km의 수로에 수많은 크루즈선을 운행하고 있다. 3박 4일 동안 끝없이 펼쳐지는 수려한 경관에 시원한 물길이 관광객들의 마음을 사로잡는가 하면, 시원스레 내뿜는 삼협댐의 물줄기와 5개의 갑문이 여행의 마지막 방점을 훌륭하게 찍는다.

이처럼 세계 대부분의 운하 지역들은 전통과 현대의 조화에 많은 관심을 가지고 있으며, 토목과 선박 건축, IT산업 분야에서 자타가 공인하는 강국인 우리에게는 현대기술과 전통문화의 조화를 통해 무한한 가능성을 만들어낼 만한 역량이 충분하다.

2008년 1월, 프랑스 기 소로망 교수는 "한국에는 한국적인 문화가 없다"며 아쉬워했다. 이 말은 곧 우리에게 새로운 해결책을 제시해주는 토대가 된다. 그동안 우리는 우리의 문화를 지켜내지 못했고, 이는 강, 하천의 문화가 사라져 버린 데서 상당 부분 기인했다. 이제 강이 살고 문화가 살아야, 우리 또한 21세기를 대비하는 우리만의 독창적인 문화를 탄생시킬 수 있다.

독창적인 문화는 단지 맹목적인 반대, 또는 맹목적인 기대만으로는 창조가 불가능하다. 먼저 강을 얼마나 깨끗한 강으로 만드느냐가 가장 시급한 과제다. 우리의 강을 생태 강으로 복원한 뒤에도 이를 사람에게 친밀한 공간으로 일상화시켜야 한다. 그리고 강을 따라 이어진 문화와 역사를 얼마만큼 잘 관리하느냐도 중요한 문제다. 더 늦기 전에 강과 하천에 흩어진 문화들을 찾고, 또 전승자들을 통해 고전과 구전을 복원하고 발굴하는 일 또한 시급하다.

또한 이를 잘 지키고 보존해 줄 전문인을 양성해 운하 문화의 정착을 도모해야 한다. 그런가 하면 강을 따라 이어진 하천 수계 지자체 협의를 통한 문화공유와 문화보호운동의 연대를 통해 갈라진 민심을 하나로 만들어야 한다.

지금 한반도는 새로운 도전에 직면에 있다. 강이 모든 땅과 사람을 한 품에 넉넉히 껴안았듯이, 대운하 역시 전통과 현대의 조화를 통해 갈라진 마음을 하나로 품는 새로운 장으로 거듭나야 한다. 주변을 둘러보면 불가능한 조건을 지닌 국가나 도시들이 난관을 무릅쓰고 새 역사를 쓰고 있는 모습을 볼 수 있다. 하물며 그들보다 더 좋은 조건, 더 역동성 있는 우리 강이나 하천을 계속 썩도록 놔둬서는 안 될 것이다. 이제 세계 속으로 눈을 돌려 새로운 문화와 역사를 만들어나가야 한다. 국내의 정치적인 문제나 소모적인 논쟁에만 집중하는 대신 미래를 내다봐야 한다. 무관심을 관심과 애정으로 바꾸고, 새로운 기회를 찾아 발상을 전환해야 한다. 그리고 우리가 어떠한 상상력을 가지는가에 따라 아시아를 넘고, 두바이나 세계적인 선진 국가를 넘어설 수 있다.

일류문화국가로 나갈 것인가 지금의 현실에 만족하며 살 것인가는 우리의 의지에 달려 있다. 지금 우리는 5천년의 찬란한 역사를 복원하여 새로운 21세기 세계적인 문화와 역사를 그려나가는 선택의 기로에 놓여 있다.

10 장

유비쿼터스
사회의
U-Dream
한반도 대운하

네트워크로 세상을 바꾼다

2 1 세 기 를   정 의 하 는   단 어 는 과연 무엇일까? 다소 기계적인 분류이긴 하지만 '정보와 문화', '경제와 성장', '소통과 통신' 정도가 될 것이다. 세상은 끊임없이 변하고 있으며, 이 안에서 우리 삶의 속도도 더욱 더 빨라지고 있다.

우리 사회는 각 분야가 하나의 네트워크 속에서 상호보완의 틀을 꾸려 움직이며, 이는 개개인과 사회 모두의 편의까지 담당한다. 그리고 이 모든 것을 통합하는 개념이 바로 '유비쿼터스'다.

운하! 오해를 넘어 진실로

Q : 유비쿼터스란 무엇인가요?

A : 유비쿼터스(Ubiquitous)란 '도처에 널려 있다', '언제 어디서나'를 의미하는 라틴어에서 유래한 단어로 물, 공기처럼 어디에나 있는 것을 상징합니다. 1988년 미국의 마크 와이저 박사가 '어디에서든지 컴퓨터에 액세스할 수 있는 세계'를 지칭하는 뜻으로 '유비쿼터스 컴퓨팅'이라는 말을 사용하면서 본격적으로 퍼져나가기 시작했습니다. 그리고 현재는 미래사회에 많은 영향을 끼칠 것으로 전망되며 농업 · 산업 · 정보 혁명을 잇는 제4의 혁명으로 불리고 있습니다.

언젠가부터 텔레비전 광고에서도 쉽게 볼 수 있는 유비쿼터스 개념은 이제 사회 전 분야에 활용되고 있다고 해도 과언이 아니다. 하나의 진보적인 시스템으로서 인간의 손이 닿지 않는 영역까지 스스로 움직이고 관리하는 도구가 된 것이다. 그렇다면 최근 들어 많은 주목을 받고 있는 한반도 대운하의 유비쿼터스 드림(U-Dream)은 무엇일까?

유비쿼터스 운하는 모든 것이 자동으로 움직이는 편리한 세상이다. 또한 그것은 단순히 항만이나 배에만 해당되는 것이 아니라 우리 삶 전반에 영향을 미치게 된다. 아주 쉬운 예를 들어보도록 하자. 어디에선가 범람이나 홍수 등의 재해가 났다. 이때 이 위험을 사전에 알아채고 방재할 수 있는 물적 시스템이 구축되어 있다면 어떨까? 아마 이는 신속한 대응을 가능하게 만들 것이며, 따라서 더 늦었을 경우 발생하게 될 막대한 피해를 막아 손실을 최소화할 수 있을 것이다.

그런가 하면 유비쿼터스는 하나의 감시 시스템처럼 어디선가 터질지 모르는 환경 사고를 막아준다. 친환경 공간이 제대로 유지되고 있는지, 어떤 문제가 발생하지는 않았는지 사시사철 점검하고 관리한다. 이 같은 인공지능 시스템을 통해 운하 주변의 환경은 자연스레 보호되고, 이 같은 환경 보호는 곧바로 주변에 거주하는 인간의 삶의 질에 영향을 미친다. 또한 운하 주변에 부가적으로 생겨날 유비쿼터스 네트워크 건설은, 보다 편리하고 안락한 생활 환경을 만들어줄 것이다.

이처럼 대운하 유비쿼터스 드림은 각각의 기술들이 자연과 인간이 공존하며 스스로를 지켜나갈 수 있도록 하나의 거대한 시스템의 축을 만드는 일이다. 즉 물과 인간이 하나의 네트워크가 되어 움직이고 그 안에서 미래의 비전을 꿈꾸는 일이다. 단순히 항만을 만들고 배를 띄우자는 것이 아니라, 어디서나 인정받는 우리 IT 기술을 토대로 새로운 혁신을 일궈가는 장인 것이다.

U-Dream 한반도 대운하와
U-Eco-City

2003년 IT 강국으로 발전하기 위한 U-Korea와 U-IT839 정책으로 IT 강국으로 발전하기 위한 우리나라의 지자체 60여 개 도시가 U-City 사업을 기획 추진 중이다. 이 U-City인 혁신도시, 기업도시, 신도시 등의 경우 친환경·생태 수변 도시공간이 많이 부족한 상황이다. 따라서 이 곳에는 미래 도시 생활의 친환경·생태 수변공간 등으로 삶의 질을 향상하기 위해 대운하와 연계하여 물을 확보하고, 청정·환경이 살아 있는, 살고 싶은 U-Eco City로 바꾸어야 할 것이다. 앞으로 이 U-Eco City는 IT 핵심 산업으로서 미래의 성장동력이 될 것이며 따라서, 미래 도시의 새로운 일자리를 창출할 것이다.

- 2003년 u-Korea 와 u-IT839 정책으로 IT 강국실현
  지자체 u-City 사업 (2007년 5월초 현재 약 60여개 도시...)
  기획 추진중

- 전국적으로 추진되는 혁신도시, 기업도시... 신도시를 위한
  친환경·생태 수변 도시공간 부족

- 친환경·생태 수변 공간 제공을 위한
  대운하 연계 u-Eco City 국가전략으로
  IT 강국의 미래 성장동력 시장 및 일자리 창출

표1. U-대운하 & U-Eco City

대운하 물순환 수자원 네크워크는 지금 추진중인 U-Eco City의 중요한 부분과 연계해 발전해 나갈 것이다.

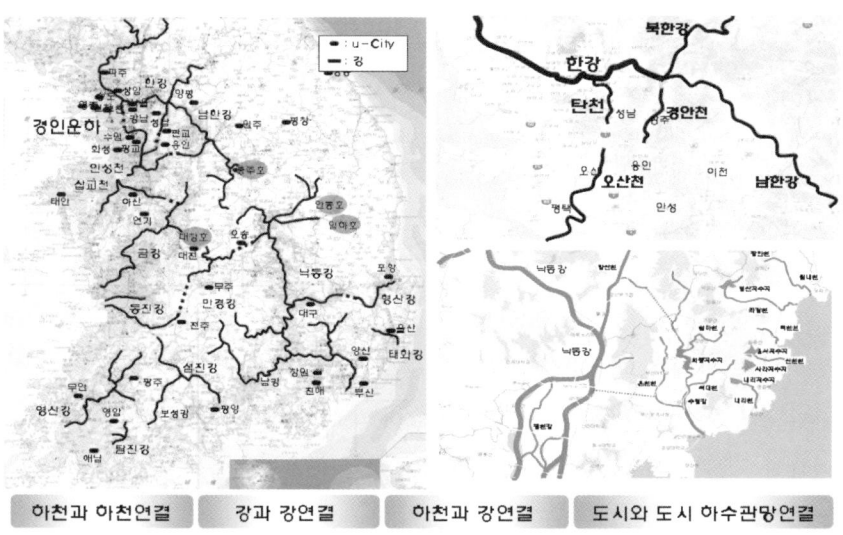

표2. U- U-City와 물 순환 수자원 네트워크

한반도 대운하 중 경부운하의 주요 시설과 노선, 지금 U-City로 추진중인 도시들이 다음그림에 나타나 있다.

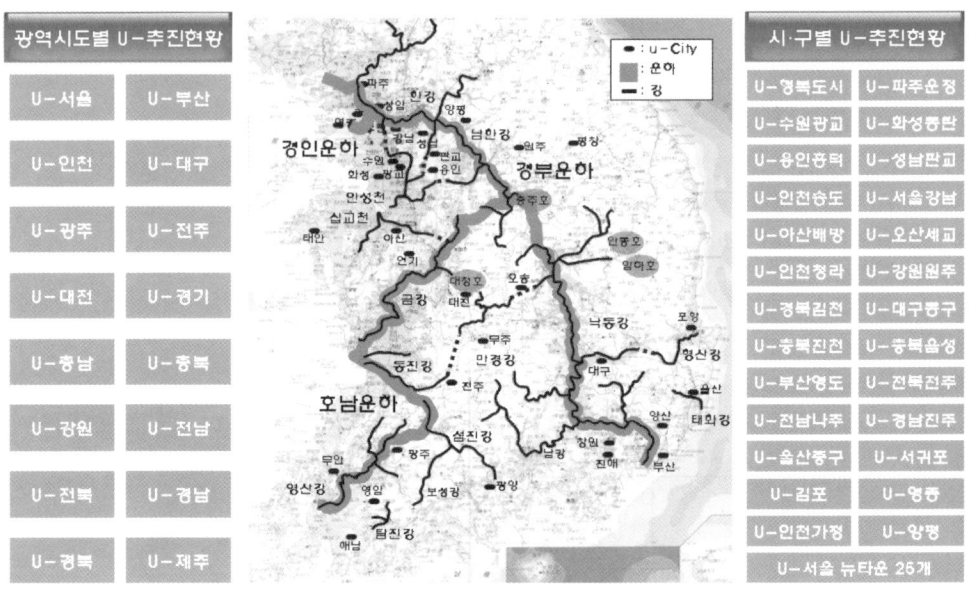

<table>
<tr><td colspan="2">광역시도별 U-추진현황</td></tr>
<tr><td>U-서울</td><td>U-부산</td></tr>
<tr><td>U-인천</td><td>U-대구</td></tr>
<tr><td>U-광주</td><td>U-전주</td></tr>
<tr><td>U-대전</td><td>U-경기</td></tr>
<tr><td>U-충남</td><td>U-충북</td></tr>
<tr><td>U-강원</td><td>U-전남</td></tr>
<tr><td>U-전북</td><td>U-경남</td></tr>
<tr><td>U-경북</td><td>U-제주</td></tr>
</table>

시·구별 U-추진현황	
U-영북도시	U-파주운정
U-수원광교	U-화성동탄
U-용인흥덕	U-성남판교
U-인천송도	U-서울강북
U-아산배방	U-오산세교
U-인천청라	U-강원원주
U-경북김천	U-대구죽구
U-충북진천	U-충북음성
U-부산영도	U-전북전주
U-전남나주	U-경남진주
U-울산중구	U-서귀포
U-김포	U-영종
U-인천가정	U-양평
U-서울 뉴타운 25개	

표3. 주요 하천과 U-City 추진현황

위 도시들은 유비쿼터스 친환경 수리 시설이 설치되어 지능적으로 손쉽게 관리하거나 조절할 수 있다. 예를 들어 낙동강 구간에서 대운하 수로터널을 따라 U-지능형 터널 안전시스템, U-지능형 수로관리시스템, U-지능형 터널 환기 및 방재시스템과 같은 유비쿼터스 시설이 대운하 수로 터널을 안전하고 손쉽게 관리 할 것이며, 첨단 친환경 한반도 대운하를 만들기 위한 U-지능형 청정수질관리, U-지능형 생태보존시스템, U-지능형 제방안전시스템, U-지능형 홍수, 폭우 조절시스템과 같은 유비쿼터스 관리 시스템 등이 수질오염이나 갑자기 발생하는 예상치 못한 상황들을 빠르고 정확하고 안전하게 해결해나갈 것이다.

U-Dream 한반도 대운하의 기대효과

        대 운 하 는 각 각 네 가 지 부 분 의 목 표 가 있다. 첫째는 태풍이나 홍수, 폭우와 같은 재해를 막아주는 수로를 건설하고 이를 이용한 수력발전 효과까지 누리는 것이다. 이는 자연재해를 방지하는 동시에 전력 생산까지 도모할 수 있다. 둘째는 청계천 사례와 비슷하게 물고기와 식생식물의 생태 하천을 만드는 것이다. 이는 친환경 생태 환경 조성인 동시에 녹지 공간 조성까지 확장될 수 있어 환경 보호 효과가 크다.

  셋째는 강변에 생활·오락 등 여유 공간과 관련된 첨단 주거 공간을 짓는 것이다. 이는 내륙과 농촌의 삶의 질을 크게 높이고 결과적으로 문화 혁신 도시 건설을 앞당기는 힘이 된다. 마지막으로는 빗물이 순환하고 저장될 수 있는 수자원 네트워크를 구축하는 것이다. 하수처리장은 물론 이를 통해 생태 호수와 생태 하천을 만들고 우수저류조도 포함시킨다.

중요한 것은 대운하가 완성될 경우, 이 같은 네 가지 기본 구축 시스템이 각자의 안에서, 더 나아가 서로 서로 지속적으로 상호보완하게 된다는 점이다.

예를 들어 빗물과 강우를 확보하는 맨홀과 우수관, 우수저류조, 하천, 대운하는 서로 간에 지능적으로 정보를 전달하고 순환한다. 바로 수자원의 지능적 순환 네트워크다. 이 같은 네트워크는 또다시 다른 네트워크로 확장 전진한다.

에너지 자원으로서의 빗물의 순환과 재활용을 위한 수자원 네트워크, 또 하나는 인간과 자연의 조화를 위한 청정 생태 · 환경 네트워크, 세 번째는 지구온난화와 기상이변을 지능적으로 방재하는 네트워크, 마지막은 첨단 지능형의 도시문화 네트워크가 최고의 효과를 만들기 위해 함께 굴러가게 되는 것이다. 이런 네트워크 시스템은 유비쿼터스와 융합되어 더 안전하고 효율적인 상황을 만들고 문제가 발생할 시 즉시 효과를 발휘한다.

네트워크로 건설되는 유비쿼터스 운하는 장기적으로 볼 때 경제성장은 물론 통일시대를 맞는 새로운 준비 역할을 하게 된다. 통일 시대가 다가오면 무엇보다도 남북 간의 물자 수송량이 급증할 것이다. 이때 육상으로 몰리는 물류를 대운하를 통해 수상으로 분리시킴으로써 물류 증가에 의한 혼잡을 덜 수 있을 뿐만 아니라, 잘 체계화된 유비쿼터스 시스템이 보관과 포장, 하역 등을 관리하게 될 것이다.

그러나 U-Dream 운하의 최대 기대 효과로 부상하고 있는 것은, 아름다운 물의 신도시 개발이다. U-Dream 운하를 개발하기 위해 자연스레 첨단과학기술과 친환경적인 수변 도시 공간을 조성하게 되면서, 운하 근처에는 생태 녹지 공간이 들어서게 된다. 또한 수중 공간이 대변신을 하면서 예술과 감성이 살아 있는 혁신적인 주거 공간이 형성된다.

운하 근처에 거주하는 모든 이들뿐만 아니라 이곳을 찾는 외부인들에게까지 훌륭한 여가 생활과 휴식 공간을 제공하게 되는 것이다. 이 같은 친환경 교통 및 물류 시스템이 일단 구축되면 그 다음에는 첨단 친환경 농업 및 어업 등 새로운 동력을 창출해 한미 FTA 개방에 대비할 수 있을 뿐만 아니라 농촌 지역의 생활문화와 삶의 질을 향상시킬 수 있게 된다.

또한 IT강국 대한민국의 새로운 IT 시장을 창출해 유비쿼터스 가상현실(U&V)과 전통산업의 연계를 통해 생산 유발효과 및 일자리를 창출하게 됨으로써 경제 성장을 위한 훌륭한 원동력이 될 것이다.

IT와 대운하

위성 인터넷, 와이브로, 3세대 이동통신, RFID(전자태그) 등 각종 네트워크 기술 면에서 볼 때 우리나라의 IT 기술은 말 그대로 자타가 공인하는 세계 최고의 수준이다. 그리고 이와 관련해 운하 또한 건설 과정에서부터 IT 강국으로서의 면모를 강조하고 있다.

실제로 대운하가 건설되면서 IT 업계도 향후 IT의 발전에 기대를 걸고 있다. 현재 대운하 프로젝트는 '디지털 대운하' 라는 또 다른 이름이 있는데, 이는 유비쿼터스 시스템의 도입, 그리고 우리나라의 최강점인 IT산업을 적극적으로 이용하겠다는 의지와 관련이 있다.

시설물 관리 시스템을 첨단화해 용수, 홍수, 수위, 수량에서부터 배가 움직이는 것까지 모두 자동 조절할 수 있다는 뜻이다. 뿐만 아니라 이 같은 시스템이 일단 구축되면 상시적 환경 감시 또한 가능해져 장기적 관점에서 대운하를 관리할 수 있는 기반이 마련된다.

그런가 하면 정보통신 첨단 기술은 배의 운항 속도까지 조절한다. 예를 들어 대운하의 1단계 사업인 경부운하(파주~부산)가 총연장 540㎞, 운항시간 약 30시간이란 점을 감안할 때, 최적의 운항 속도는 시속 17㎞인데, 이 역시 최첨단 관리 기술을 통해 안전하고 일정한 속도 조절이 가능하다.

또한 배에 전자 태그를 부착하고 강둑이나 강바닥에 센서를 설치하면 배의 움직임, 물동량, 수량 등을 실시간으로 감지하는 유비쿼터스 센서네트워크(USN)가 구축되며, 이 같은 실시간 체제가 가능해질 경우 배의 좌초, 전복 등의 사고는 물론 기름 유출로 인한 오염도 사전에 막을 수 있게 된다.

그런가 하면 대운하는 건설되는 과정과 그 이후에서 지능형 교통체계 시스템(ITS), 지리정보, 방재시스템, 텔레매틱스 등의 연관 산업을 성장시키게 된다. 미래를 선도하게 될 첨단산업인 IT와 전통 산업이 적절하게 융합된 새로운 경제 패러다임이 창출되는 것이다.

즉 대운하는 현실 경제를 위해서 건설되는 것이기도 하지만, 앞으로 올 유비쿼터스 세상에 한국의 놀라운 IT 기술력을 선보이는 훌륭한 장이 될 것이다. 즉 미래 경제를 위해서는 한반도 디지털 대운하사업이 필요하며, 이 것이 우리의 현재와 미래 모두를 살리는 정책이 될 수 있는 셈이다.

11 장

기적의 역사는
다시
쓰여진다

자유시장경제의 승리 앞에서

'환경 보호'라는 단어를 떠올릴 때 가장 먼저 떠오르는 반대 개념이 있는가? 모르긴 몰라도 많은 이들이 '개발'이라는 단어를 생각할 것이다. 즉 개발은 환경 보호의 적이며, 양립할 수 없는 개념이라고 생각하는 것이다. 이는 어느 부분에서는 사실이다. 지난 세기 산업화가 가져온 무시무시한 환경 파괴에 대한 반감에서 비롯된 만큼 추궁하고 따져봐야 할 필요가 있다는 의미다.

지난 1960년대를 보자. 그 당시 세계는 사회주의와 시장자본주의 진영으로 양분되어 있었다. 당시의 상황에서 볼 때 사회주의의 계획 경제는 어쨌든 환경 면에서는 자본주의를 앞서가는 것처럼 보였다. 사회주의 경제는 환경에서도 통제와 계획을 고수했고, 반대로 시장자본주의는 폭주기관차처럼 '개발'의 철로를 달려갔다. 급속한 산업화로 인한 공장이 증가했고, 농촌에서 먹고 살 것이 없어진 사람들이 도시로 올라오면서 도시는 폭발적으로 팽창했다.

그러나 도시는 아직 이 많은 자원과 인구를 감당해낼 만한 하수 처리 시설도, 쓰레기 매립지도 마련되지 않은 상태였다. 거기에다 덧붙여 1990년도 이후 소비 위주의 문화가 확산되면서 물질적 풍요가 더 많은 쓰레기를 만들고 온 도시는 과소비로 물들었다. 공장에서는 나날이 폐수와 스모그가 흘러나왔다.

이때까지만 해도 개발 경제의 미래는 어두워만 보였다. 그러나 여기서 또다시 새로운 약동이 뻗어 나오기 시작했다. 바로 환경의 위기를 느낀 일부 선진 국가들의 자각이었다. 그간 물질문명의 혜택에 젖어 방관하는 사이 환경 수준이 급락되었음을 깨달은 영국, 프랑스, 일본, 미국 등은 곧바로 환경행정을 담당하는 독립적인 조직을 창설했다. 자본주의의 종주국이라고 할 수 있는 미국의 1970년 미국 연방환경보호청이 그 시초였다.

이후 각 나라에서는 환경을 지켜가는 기술을 개발하기 위한 방대한 연구 투자가 이루어지기 시작했으며, 동시에 강력한 환경이 정책적으로까지 등장했다. 그리고 이것이 곧바로 법규에 적용되어 느슨했던 환경 정책에 일대 낙뢰가 되었다. 그 결과 자본주의 진영의 나라들에서는 엄청난 변화가 일었다. 심각한 대기오염을 겪었던 런던과 뉴욕, 로스엔젤레스, 도쿄 등의 대도시는 맑은 공기를 되찾았고, 한때 죽음의 강으로 불렸던 영국의 템스강과 독일의 라인강도 현대적인 의의 속에서 새로이 복구되었다.

다소 아이러닉한 일이긴 하지만 맨 처음 환경에 위협을 가한 것도, 그리고 종국에는 환경을 구한 것도 바로 자본주의 경제체제였다. 반면 오랫동안 사회주의 경제체제에 머물러 있었던 폴란드와 동독, 체코는 유럽에서 가장 심각한 환경 위기 지역이 되었으며, 중국과 러시아, 그리고 나머지 동유럽 국가들도 같은 상황에서 벗어나지 못하고 있다. 이런 상황에서 자본주의 경제에 기초한 자유민주주의를 발달시켜온 서방의 선진국들은 국민들이 자유로이 권리를 주장하고 이를 투표를 통해 실행할 수 있는 제도를 바탕으로 강력한 환경 정책을 실시했고 이것이 효과를 거두었다. 환경에 대한 심각한 위협을 느낀 국민들 스스로가 환경 정책의 개선과 변화를 원했던 것이다.

그리고 나날이 발달하는 기술은 많은 연구 개발을 촉진해 보다 많은 환경 개선을 낳았다. 즉 물질적 풍요와 부의 축적이 미래를 내다보며 환경에 더 많은 신경을 쓸 수 있는 풍토를 만들어낸 셈이다. 이제 더 이상 '개발'과 '보호'는 상반된 이야기가 아니다. 적절하고 올바른 개발을 통해 더 많은 자연을 보호할 수 있으며, 더 나은 환경을 앞당길 수도 있다. 그런 의미에서 대운하 사업은 '개발'을 통해 또 하나의 환경 담론을 이끌어내는 선진적인 시도가 아닐까.

100년 전의 결단이
부유한 국가를 낳는다

부유한 나라들에는 몇 가지 특징이 있다. 바로 천혜의 자원과 효율적 정책 그리고 국민들의 근면성이 합쳐져 기적 같은 힘을 불러온다는 것이다. 실제로 나라는, 강해지기에 앞서서 부유해지는 것이 우선이다. 부국 없이는 강국이 없다는 것은 역사적인 사실이며, 특히 최근 들어서는 문화적으로나 정치적으로나 흥했던 강국이 망하는 일은 있어도, 부국이 망하는 일은 없어졌다. 그렇다면 최근 들어 가장 놀라운 결단력으로 미래를 개척한 가장 대표적인 나라는 어디일까? 사람마다 다르겠지만 아마 대다수는 미국을 떠올릴 것이다.

실제로 미국은 1789년 초대 대통령 워싱턴이 동북부 13개주로 아메리카 합중국을 선포한 뒤 한 세기 동안 인디언들과 치열한 내전을 벌였고, 마지막 인디언 아파치 추장 '제로니모'를 아리조나에서 체포해 사형함으로써 통일을 선포했다. 콜럼버스 신대륙 발견 이후, 통일 아메리카가 구성되기까지의 세월을 제외하면 총 220년의 역사밖에 되지 않는 셈이다. 그렇다면 이 짧은 역사 속에서 세계 초강대국으로 부상한 미국의 원동력은 어디에서 나왔는지 궁금하지 않을 수 없다. 그 가장 훌륭한 사례가 바로 캘리포니아 주 라스베가스에 숨어 있다.

캘리포니아는 면적의 3분의 1이 사막이다. 모하비 사막이라 불리는 이 사막은 캘리포니아 남동부와 네바다 주와 애리조나 주 일부에까지 걸쳐 있는 대 평원이다. 이 사막은 사하라 사막이나 고비사막처럼 이글이글 타는 불모지거나 황사 먼지가 이는 곳이 아니라 사계(四季) 평균 기온이 15도에서 25도를 오르내리는 비교적 온난한 기후다. 다만 강수량이 연평균 2~3백 ㎜ 밖에 안 되는 것이 가장 큰 자연적 취약점이었다. 그리고 미국은 동맥처럼 흐르는 콜로라도강과 후버댐을 이용해 이 불모지 위에 '라스베가스'라는 신천지를 탄생시켰다.

사실 이 황무지에 세워진 도시 라스베가스는 도시 이름만 들어도 우선 마피아를 떠올릴 정도로 부정적인 이미지를 갖고 있는 사람이 많을 것이다. 사실상 당시의 라스베가스는 노동에 지친 노동자들이 도박을 하고 유흥을 즐기는 곳이었기 때문이다. 하지만 오늘날 라스베가스는 어떤가? 후버댐을 건설하겠다는 염원에서 자연스레 파생되었던 위락 도시가, 이제는 단순한 카지노 산업에서 탈피해 세계 최고의 엔터테인먼트 도시로 탈바꿈했다.

즉 미국은 불모지 위에 세워진 라스베가스에서 어떤 가능성을 눈으로 확인한 뒤, 이를 놓치지 않고 긴 역사 속에서 개발하고 발전시켰다. 공사 인부들이 빠져나가면 황량하게 버려질 수 있었던 거대한 유흥 오락장을 다시금 세계 최대의 엔터테인먼트 도시로 발전시킨 것이다. 이처럼 실용적이고 계획적인 정책, 최대의 가치를 추출하기 위해 쏟아 붓는 장기적인 노력 등이야말로 짧은 역사를 가진 미국을 세계 최고 부국으로 만든 근본적인 원인이었을 것이다.

무한한 상상력으로 도전하라

전 세 계 타 워 크 레 인 의 20%가
올라가 매일 수십 층이 새로 생기며, 수십 미터의 도로가 매일 새로 깔리는
곳, 고유가 시대에 팽창하는 중동의 오일 달러를 급속도로 빨아들이고 있는
오일 경제의 핵, 이 모든 것이 바로 두바이의 이름이다.

이처럼 세계 경제의 중심축으로 자리 잡은 두바이지만 한때는 이 두바이
에 이처럼 높은 건물들과 현대적인 시설들, 무엇보다도 상상을 뛰어넘는 스
키장과 야자수 섬이 들어설 것이라고는 누구도 상상하지 못했다. 그러나
1990년대부터 두바이의 왕세자로서 실질적인 통치자이자 2006년 공식적으
로 지도자가 된 셰이크 모하메드는 이렇게 말했다.

"석유는 언제든 바닥날 수 있다. 그러니 그것만 믿을 수는 없다. 이제 우

리는 석유 이외의 것으로 돈을 벌어야 한다. 그것도 신속하고 획기적으로!'

　실로 모하메드는 세계를 통찰하고 미래를 그리는 상상력, 그리고 그것을 실제로 행할 수 있는 행동력을 갖춘 지도자였다. 그의 리더십은 두바이를 하나의 상상력의 도시로 바꾸어 놓았다. 그는 가장 먼저 고정관념에 도전장을 던졌다. 어째서 사막에는 다른 나라들처럼 풍부한 엔터테인먼트 시설을 세울 수 없냐는 것이었다. 이어서 그는 재빠른 실행력으로 여러 분야들의 전문가들과 만나 그들의 아이디어를 적극적으로 수용했다. 그런 그의 마음 한가운데에는 결코 불가능한 것은 존재하지 않는다는 상상력과 믿음이 자리하고 있었다.

　사막에 스키장을 세운다는, 언뜻 들으면 기가 막힐 그 프로젝트가 탄생한 것도 바로 그 상상력에서부터였다. 지금 두바이는 수많은 관광객들이 찾고 있는 도시다. 훨씬 아름다운 천혜의 조건을 갖춘 우리나라의 경우, 600만 명 남짓의 관광객 유입에 해외 유출 인구는 거의 2배에 달한다. 그 결과 우리는 매해 60억이 넘는 관광 적자를 보고 있는 데 반해, 90%가 사막이고 크기는 우리 제주도의 2배쯤에 불과한 두바이는 전 세계 관광객 1억 명을 목표로 전진 중이다.

　사실 두바이의 초특급 프로젝트는 자연을 거스르는 일인 만큼 천문학적인 비용이 든다. 그러나 우리는 그렇지 않다. 단지 주어진 자연 조건을 어떻게 창조적으로 이용할 것인가만 열린 가슴으로 안고 더 높이 상상할 줄 알면 된다. 우리는 여기서 한 가지 기억해야 할 부분이 있다. 두바이를 찾는 사람들은 단순히 높은 건물을 보기 위해서 이곳을 찾는 것이 아니라는 점이다. 그렇다면 그들이 바라는 것은 무엇일까? 바로 불가능이 가능으로 변신한 놀라운 과정이다. 지금 우리에게 필요한 것도 바로 그런 마음가짐일 것이다.

풍요로운 미래를 위한 최고의 선택

지금으로부터 약 140년 전, 세계 지도가 바뀌는 일이 일어났다. 바로 러시아의 '알래스카 매각' 사건이었다. 당시 러시아는 뒤늦은 산업혁명과 사치로 인한 궁핍으로 재정이 바닥나 있었다. 러시아에게 알래스카는 모피를 얻는 것 외에는 쓸모가 없어진 얼음 땅이었고, 시베리아만 해도 감당하기 힘들었던 러시아로서는 알래스카를 필요 없는 땅이라고 생각했던 것이다. 그리고 1867년, 당시 미 국무 장관 윌리엄 H. 스워드는 매입에 대한 반대 여론이 빗발치자 이렇게 말했다.

"여러분, 나는 눈 덮인 알래스카를 보고 그 땅을 사자는 것이 아닙니다. 그 안에 감추어진 무한한 보고(寶庫)를 보고 사자고 하는 것입니다. 또한 나는 우리 세대를 위해 그 땅을 사자고 하는 것이 아닙니다. 그것은 우리 다음 세대를 위한 양식이 될 것입니다."

결국 그는 한 표 차이로 의회에서 알래스카 매입안을 통과시켰다. 그렇게 해서 한반도의 7배에 달하는 에스키모인의 위대한 땅 알래스카는 1867년 미국의 수중으로 넘어왔다. 그것도 단돈 720만 달러에 말이다. 그러나 이후 윌리엄 H. 스워드는 수많은 국민들과 정적(政敵)들에게 비웃음의 대상이 되었다. 사람들은 알래스카를 '스워드의 무용지물(Seward's Folly)' 이라고 비아냥대면서 이를 실패한 거래라고 추궁했다

그로부터 30년 뒤, 스워드의 예언은 적중했다. 이른바 골드 러쉬를 몰고 온 금광이 발견된 것이다. 뿐만 아니라 연이어 석유와 천연가스 등이 무한정 쏟아져 나왔다. 추정에 따르면 알래스카 지하에 묻힌 지하자원은 전 세계 매장량에 대비해 금이 28%, 석유가 25%, 우라늄이 30%로 발표되었다. 말 그대로 어마어마한 자원이었다. 뿐만 아니라 얼마 안 가 2차대전 때는 군사적 요충지로서 그 역할을 다하기까지 했다.

이제 미국인들은 윌리엄 H. 스워드를 '꿈의 인간' 이라고 부른다. 실제로 미국에는 스워드의 이름을 딴 스워드 시티가 있으며, 앵커리지에서 페어뱅크 간의 고속도로는 윌리엄 H. 스워드 하이웨이라고 불린다.

이처럼 희망과 꿈은 당장 눈앞에 드러나는 것이 아니다. 그것은 미래 세대를 위한 나무와 더불어 활기차게 자라난다. 또 그곳으로 향하는 길에는 수많은 역경도 있게 마련이다. 희망은 오직 한 자리에 있는 것이 아니라, 희

망이 있다고 믿는 이에게만 길을 열어준다. 기적도 기적이 있다고 믿는 사람들의 의해 이루어진다. 지금 이 순간, 우리가 미래를 할 수 있는 최고의 선택은 무엇인가를 고민해봤다면, 또한 앞으로 1백 년을 내다보는 마음을 가졌다면, 지금 우리가 해야 할 일이 무엇인가를 분명하게 알 수 있을 것이다.

위대해지는 것을 결코 두려워말자!

뱃길이 열리면 대한민국이 바뀝니다

1. 지금은 새롭게 시작해야 할 때다

최근 들어 대운하가 산업화 시대인 70년대식 유물이라는 이론과, 반대로 세계 선진국들의 미래 지향은 물론 그린경제시대에 꼭 필요한 대안이라는 이론이 첨예하게 대립하고 있다. 그러나 장기불황 10여 년을 박차고 달음질하기 시작한 일본과 맹렬하게 추격하고 있는 중국을 보면, 아무리 생각해도 운하만 한 성장 동력을 찾기 힘든 상황이다.

물론 한반도 대운하는 아예 시작부터 불가능하다고 말하는 사람도 있다. 그러나 두바이의 기적도 전혀 불가능한 사막 지대에서 시작했다는 점을 우리는 기억해야 한다.

이제 세계는 혁신적인 사고의 발상과 전환을 요구하고 있다. 어떤 이들은 대운하에 대해 "급할수록 돌아가라"며 성급함을 지적한다. 하지만 옳고 그름의 문제 설정에서는 이 말이 적절할지 모르나, 일단 옳은 것임이 판단되었을 때는 그 시작을 늦출 수 없다.

2. 운하는 세계적인 추세이다

지금 우리 앞에는 큰 산이 놓여 있다. 국내 기업들은 해외에서 활로를 찾은 지 오래되었고, 일자리는 줄었다. 저출산에 고령화, 중산층이 무너진 양극화 현상도 커다란 사회 문제가 되었다. 이 순간 저 사막 한복판의 작은 나라 두바이가 오아시스로 세계인의 눈과 귀를 휘어잡고, 불가능을 역동적인 신천지로 만들어내는 장면이 우리에게 새로운 동기를 부여하고 있다. 여기에 그들은 또다시 사막을 뚫고 아라비아 운하를 건설하고 있다. 결국 '사막을 이겨낼 끈기와 희망'만 있다면 대한민국도 저 두바이처럼 세계인들을 사로잡고, 관광객을 모을 수 있다는 생각이 증명되었다.

지금 세계는 그린경제시대로 향하고 있다. 그동안 결과주의나 성과주의에 집중했던 압축 근대 상황에서 우리가 무관심했던 물, 자연, 환경, 기후, 에너지 등의 문제가 이제 생활을 결정짓는 잣대가 되었다.

그리고 200여 년 동안 근대를 거쳐 온 독일이나 프랑스, 네덜란드 등의 유럽이나 미국, 일본의 경우, 더 이상 환경 문제를 국가가 책임져야 할 문제가 아닌, 자신의 문제로 받아들이고 있다. 그에 대한 해결책으로 그들은 내륙운하나 연안수로, 철도와 같은 친환경적인 수송체계로 문제를 해결하고 있다. 그 와중 운하 건설은 빠지지 않는 훌륭한 해결책으로 거론되었고 실제로 많은 운하들이 건설되었다.

3. 운하는 낙후된 내륙을 살린다

지금 우리의 내륙은 도시로서 기능을 제대로 하지 못하는 기형적 상태로 전락했다. 세계적인 도시들과 비교해볼 때마다 우리나라의 내륙 도시는 안정감이 없다는 느낌을 받는다. 도시가 도시다워야 하는데, 왠지 모르게 균형이 흐트러져 있다. 바로 난개발식 불균형 때문이다.

세계의 유명한 내륙 도시들은 회랑 지역들이 많다. 시카고라든가 뒤스부르크, 상해, 오사카, 시드니 등 연안지역이든 내륙지역이든 자연하천을 도시의 건물, 자연과 잘 조화된 균형 잡힌 모습이다. 이제 우리의 정신도 물과 같은 흡수력을 통해 안정감을 갖추어야 한다. 낙후된 광주, 나주, 충주, 문경 등을 기본적으로 도시답게 만들고, 다른 도시들과는 다른, 독특한 색깔을 충전해야 한다.

물의 회랑으로 이루어진 지역에 내륙항을 만들어 활력을 불어넣으면 더불어 연안항도 시너지 효과를 내게 된다. 그러면 세계의 물류, 경제중심의 패러다임이 바뀌면서, 투자자가 몰려들고, 기업이 활성화되어 도시와 지역이 균형 발전하고, 2,500톤급의 화물선과 바지선, 크고 작은 유람선으로 도시 곳곳이 활력으로 넘칠 것이다. 깨끗한 강에 연어와 장어가 돌아오고, 망둥어가 뛰면, 농어민의 얼굴에도 생기가 돌 것이다. 갯벌이 살아나 관광지가 되고 수산업과 생태 지역이 생겨날 것이다.

4. 운하는 일자리를 만든다

1930년대 미국의 벤야민 루즈벨트 대통령은 대공황을 벗어나기 위해 후버댐을 건설했다. 후버댐은 죽어 있는 경제를 살리는 데 크게 기여했다. 우리가 추진하려는 한반도 대운하 사업도 10여 년이 넘는 저성장을 타개할 하나의 방책이다. 대규모 사업을 추진함으로써 많은 일자리를 만드는 것이다. 즉 사업이 추진되면 경기가 좋아지고, 일자리를 얻는 사람들도 소비를 촉진하므로 경제에 활력을 불러일으킬 것이라는 전문적 소견에서 시작된 것이다.

또한 운하로 하천이 정비되고 깨끗한 생태 강으로 바뀌면 관광객이 모여들게 된다. 이는 관광을 하는 사람이나 서비스업을 하는 사람이 늘어난다는 것을 의미한다. 물류 중심의 내륙항이 생기는 동시에, 여객터미널이나 레저 스포츠시설, 문화관 등 각종 테마관이 많아지는 것이다. 그리고 이것이 직접적인 일자리 창출과 타 산업에 영향을 미치는 취업 유발 효과를 불러와 경제를 살린다. 또한 운하 사업이 끝난 이후에도 일자리 생산은 줄지 않을 것이다. 또한 이는 젊은이들뿐만 아니라 남녀노소 불문하고 모든 국민이 참여할 수 있는 일자리가 될 것이며, 이미 유럽의 여러 나라들에서 여러 번 검증된 사례들이다.

5. 과거와 현재, 미래의 문화가 공존한다

강은 과거와 미래를 연결해 주는 생명선이자 거울과 같다. 옛날 모든 문화는 강을 통해 생겼다. 아니 굳이 먼 과거가 아니라도, 강은 우리 어릴 적마음껏 놀고 춤추던 곳이었다. 선비들은 강둑을 따라 관광을 하며 초막을세워 시와 문장으로 아름다움을 남겼다. 거기에 세월이 흘러 역사가 되었다. 이 세월의 흐름 속에 애사와 비사가 생기기도 했다. 이곳에는 또한 전통문화와 민속, 신앙이 사람들의 삶 속에 깊이 뿌리박았다.

그러다 현대에 들어 급격한 현대화, 서양화로 강은 제 기능을 완전히 상실했다. 강은 죽어버렸고 더 이상 관심을 받지 못하는 존재가 되었다. 그러나 우리의 젖줄인 강이 본래의 모습으로 돌아오는 날에야 비로소, 전통과근현대의 조화도 새롭게 조명될 것이다. 강에는 생명이 있기 때문이다. 생명의 강은 지금 그린경제시대의 문제점을 해소시킬 뿐만 아니라 앞으로 새로운 문화가 창조되는 기반이 된다.

이제 세계는 문화를 국운으로까지 연결시키고 있다. 그리고 내륙항을 중심으로한 회랑운하도시는 과거와 현재의 조화를 통해 미래의 새로운 문화를 창출할 것이다.

6. 생각을 바꾸면 미래가 바뀐다

지금 우리는 크게 보고 멀리 생각하며 발상을 전환해야 한다. 우리 한반도는 예나 지금이나 똑같은 위치다. 일본과 중국, 러시아와 미국 사이에서 난관에 갇혀 있었고, 이 지정학적 한계는 언제나 우리를 가두어두는 전략과 일치했다. 만일 우리가 옛날의 사고만 고수한다면 여전히 그들의 약육강식 논리에 따라 갈 수밖에 없다. 보이든 보이지 않든 그 한계 상황 속에서 우리다운 목소리를 내지 못하게 된다는 의미이다. 이제 필요한 것은 우리다움을 빨리 찾는 일이다. 생각을 바꾸어 세계를 바라봐야 한다.

지금까지 우리는 여러 선진국들이 어떻게 미래를 대비하는가를 보아왔다. 그렇다고 그들을 무조건 따라가서만도 안 된다. 방법을 취하되 그들을 넘어설 수 있는 새로운 대안을 찾아야 한다. 바로 한반도 전체를 아름다운 회랑도시로 만드는 꿈이다. 이 나라는 이제 친환경적, 친문화적인 도시, 우리의 후손들이 백년이고 천년이고 축복을 누릴 생활 터전이 되어야 한다.

조금만 생각을 달리하면 대한민국은, 아시아를 넘어서 세계로 나아갈 수 있다. 선진국들도 앞설 수 있다. 만일 우리가 지금 국내의 정치적인 문제에만 집중한다면, 우리는 또다시 과거를 헤매게 될 것이다. 이제 벽 앞에 갇혀 있는 현실과 높은 벽의 현실에서 우리 모두 의지를 모아야 한다. 한반도가 우리의 관심을 기다리고 있기 때문이다.

1. 물길로 하나 되는 땅 이야기 - **장석효**

_ changsh2006@hanmail.net

현직 _ 제17대 대통령직인수위 한반도대운하 TF 팀장

_ 1947년 경기 고양 출생

_ 서울대학교 농공학과 졸업

_ 서울내학교 환경내학원 도시 및 지역계획학 · 석사

_ 기술고시 합격, 서울시 도시계획과장 · 건설국장 · 청계천복원 추진본부장 · 행정2부시장 ·
한반도 대운하 연구회 대표 역임.

2. 21세기 자전거, 준비된 대한민국을 달리다! - **이재오**

현직 _ 국회의원

_ 제17대 대통령직인수위 한반도대운하 TF 상임고문

학력_ 경북 석보중학교 졸업

_ 경북 영양고등학교 졸업

_ 1964년 중앙대학교 농촌사회개발학과 입학

_ 1965년 중앙대학교 제적(한일회담 반대주도)

_ 1970년 국민산업학교 졸업(現 국민대학교)

_ 1972년 고려대학교 교육대학원 졸업 (교육학석사)

_ 1996년 중앙대학교 경제학과 졸업(6.3운동주도로 제적 후 32년만에 졸업)

주요경력_ 15, 16, 17대 국회의원

_ 민중당 사무총장

_ 한나라당 원내총무

_ 이명박 서울시장 직무인수위원회 위원장

_ 한나라당 사무총장

_ 국회정치개혁특별위원회 위원장

_ 한나라당 원내대표

_ 한나라당 최고의원

_ 6.3동지회 (현)회장

주요 저서_「해방 후 한국 학생운동사」, 형성사, 1993

「긴 터널 푸른 하늘」, 1991

「시가 있는 명상노우트」(공저), 1991

「물길따라 가는 대한민국 자전거 여행」, 중앙Books, 2007

「백의에 흙을 묻히고 종군하라」, 중앙Books, 2007 등 다수

3. 활짝 열리는 환경 시대 - **박석순**

_ ssp@ewha.ac.kr

_ 현재 이화여자대학교 환경공학과 교수

_ 이화여자대학교 환경문제연구소 소장

_ BK21 환경공학 핵심사업 '지표수 환경관리 인력양성팀' 사업팀장

_ 한국환경영향평가학회 부회장

학력_ 서울대학교 자연대 이학사

_ 미국 럿거스대학교 대학원 환경과학 석사

_ 미국 럿거스대학교 대학원 환경과학 박사

주요 경력_ 미국 프린스턴대학교 토목환경공학과 객원교수

_ 서울시 청계천복원 시민위원회 자연환경분과위원장

_ 대통령 자문 지속가능발전위원회 위원

_ 국무총리실 새만금환경대책 실무위원

주요 저서 _「지구촌 환경재난」, 따님, 2000

「시스템 생태학1,2」 Howard T. Odum 저, 박석순 · 강대석 역, 아르케, 2000

「수질모형과 관리」, 이시진,박석순 공역, 동화기술, 2001

「만화로 보는 박교수의 환경재난 이야기」, 이화여대출판부, 2003

「환경위기의 진실」, 잭 M. 홀랜더 저, 박석순역, 에코리브르, 2004

「한반도 대운하는 부강한 나라를 만드는 물길이다」(공저), 경덕출판사, 2007

「부국환경담론」, 사닥다리, 2007

4. 한국의 하천과 대운하 - **이창석**

_ leecs@swu.ac.kr

현직 _ 서울여자대학교 환경 · 생명과학부 교수

_ 한국생태학회 상임이사

_ 한국습지학회 운영위원

_ 환경부 생태자연도 평가 자문위원

_ 국가장기생태연구사업단 육상생태계분야 책임자

학력_ 충북대학교 과학교육과 졸업

_ 서울대학교 대학원 식물학과 이학석사

_ 서울대학교 대학원 식물학과 이학박사

주요 경력 _ 대통령직속 지속가능발전위원회 위원

_ 환경부 사전환경성검토 전문위원

_ 국립산림과학원 겸임연구관

_ 서울시 건축심의위원

주요 저서 -「Ecology, Planning, and Management of Urban Forests」, Springer, 2008

「청계천의 생태」, 청목문화사, 2008

「현대생태학」, 교문사, 2007

「생태와 환경」, 라이프사이언스, 2006 , 「하천환경과 수변식물」, 동화기술, 2002

「서울의 생태」, 도서출판 당대, 2002, 「자연환경 복원기술」, 동화기술, 1999

5. 물과 국가 - 박태주

_taejoo@pusan.ac.kr

현직_ 부산대학교 공과대학 사회환경시스템공학부 교수

　부산대학교 환경기술산업개발연구소 소장

　부산광역시 수돗물평가위원장 위원장

학력_ 부산대학교 공과대학 화학공학과 졸업

　고려대학교 대학원 토목공학과 공학석사

　부산대학교 대학원 화학공학과 공학박사

주요 경력 _ 환경부 환경친화성기업 심의위원회 심의위원

　IWA-ICA2005 국제학술회의 조직위원회 위원장

　(사)대학환경안전협의회 부회장

주요 저서 _『한반도 대운하는 부강한 나라를 만드는 물길이다』, 경덕出판사, 2007

　『실험실 환경과 안전관리』, 부산대학교 출판부, 1999 등 다수

6. 지구 곳곳의 운하를 찾아서 - 김귀곤

_kwigon@snuac.kr

현직_ 서울대학교 조경, 지역시스템공학부 교수

　서울시 한강보전자문위원회 위원장

　DMZ 남북 연결 철도 및 도로 환경생태공동 조사 단장

　환경부 중앙환경보전자문위원회 위원

　서울시 한강사업본부 자문위원회 위원장

　국무총리실 백두대간 보전위원

　유엔(UN) 인간정주 생태도시 한국네트워크 대표

　건교부 신도시 자문위원회 위원

　대통령 직속 국가 균형발전위원회 자문위원

　국제 경관 및 생태공학회 회장

학력_ 서울대학교 임학과 졸업

　뉴질랜드 캔터베리 대학교 링컨대학원 석사

　영국 레딩대학교 계획대학원 석사

　영국 런던대학교 건축 및 계획대학원 박사

주요 경력_ 건교부 중앙도시계획위원회 위원

　대통령 자문 지속가능발전위원회 환경생태분과 위원장

　지방의제 21 전국협의회 상임 회장

　한국습지학회 고문

　한국 환경정책학회 회장

　한국 환경교육학회 회장

　한국 환경복원녹화기술학회 회장

주요 저서 _『환경영향평가원론』, 대한교과서주식회사, 1988, 『생태도시계획론』, 대한교과서주식회사, 1993

　『지속가능발전의 전략과 실행』, 아카데미서적, 2003, 『습지와 환경』, 아카데미서적, 2003

　『자연환경 · 생태복원학원론』, 아카데미서적, 2004

　『한반도 대운하는 부강한 나라를 만드는 물길이다』, 경덕출판사, 2007 등 다수

7. 물길에서 이루어지는 경제적 효과 - **곽승준**

_ sjkwak@korea.ac.kr

현직 _ 고려대학교 정경대학 경제학과 교수

    _ 고려대학교 신문사 주간 겸 편집인

    _ 서울시 도시계획위원회 위원

    _ 한국주택금융공사 경영혁신위원회 위원

    _ 21세기 평화연구소 연구위원

    _ 해양수산부 정책자문위원회 위원

    _ SH공사 경영정책위원회 위원

    _ 한국주택학회 이사

    _ 한국자원경제학회 이사

학력 _ 고려대학교 정경대학 경제학과 졸업

    _ 미국 Vanderbilt University 대학원 경제학과 석사

    _ 미국 Vanderbilt University 대학원 경제학과 박사

주요 경력 _ 대통령직속 지속가능발전위원회 위원

    _ 국무총리 영월댐 건설 타당성 조사단 위원 및 간사

    _ 국무총리 수질개선 기획단 전문위원

    _ 고려 중앙학원 재단발전위원회 위원

주요 저서 _ 「전환기의 북한 경제」, 고려대출판부, 2000, 「세계 석학들이 본 21세기」, 조선일보사, 2000

    「환경 · 자원의 경제학적 접근」(공저), 산문출판, 2007, 「과학과 사회」 김영사, 2001

    「한반도 대운하는 부강한 나라를 만드는 물길이다」(공저), 경덕출판사, 2007등 다수

8. 문화관광과 레저 - **전택수**

_ chunts@aks.ac.kr

현직 _ (구 한국정신문화연구원) 문화경제학교수

    _ 한국문화경제학회 회장

    _ 한국경제교육학회 회장

    _ 서울문화재단 이사

    _ 제17대 대통령취임식준비위원회 준비위원

학력 _ 서울대학교 사회교육과 졸업

    _ 서울대학교 경제학과 석사

    _ 미국뉴욕주립대 경제학박사

주요 경력 _ 문화산업진흥기금위원회 위원(문화관광부)

    _ 국학진흥위원회위원장(교육부)

    _ 신경제추진위원회제도분과위원(경제기획원)

    _ 한국학중앙연구원 정보센터 소장

    _ 한국학중앙연구원 기획처장

    _ 부경대학교 자원경제학과 조교수

    _ 한국산업은행 조사부

주요 저서 _ 「문화경제학만나기」(공저), 김영사, 2001, 「문화의 세기, 한국의 문화정책」(공저), 보고사, 2003

    「한국경제의 선진화와 법치」(공저), 백산서당, 2004, 「선진경제진입과 법치원리」(공저), 백산서당, 2005

「기업시민과 시민공동체」(공저), 백산서당, 2005 , 「당신의 이름도 명품이 될 수 있다」, 동방미디어, 2005
「고교 차세대 경제 교과서」(공저), 교학사, 2007
「한반도 대운하는 부강한 나라를 만드는 물길이다」(공저), 경덕출판사, 2007

9. 강에는 문화와 역사가 있었다 - 이병담

_ lbd6654@hanmail.net
현직 _ 서남대학교 교양교직학과 교수
_ 영산강뱃길살리기협의회 공동대표
_ 제17대 대통령직 인수위 한반도 대운하 TF 상임자문위원
학력 _ 조선대학교 철학과
_ 중앙대학교 철학과 문학석사, 철학박사
_ 목포대학교 일어일문학과 문학석사
_ 전남대학교 일어일문학과 문학박사
주요 저서 _ 「너, 일본영화 어떻게 보았느」?」, 행복한 집, 2001
「수신하는 제국」(공저), J&C, 2004
「기타노 다케시 영화의 서사론과 미학」, 행복한 집, 2006
「근대일본 아동의 탄생」, J&C, 2007, 「한국근대 아동의 탄생」, J&C, 2007
「대한민국 대운하 프로젝트-영산강운하와 축복의 땅, 남도」(공저), 모아북스, 2007
「한반도 대운하는 부강한 나라를 만드는 물길이다」(공저), 경덕출판사, 2007
번역서 _ 「일본초등학교 수신서 제1권~5권」(2005), 「조선총독부 수신서 제1권~5권」(2007) 등 다수

10. 유비쿼터스 사회의 U-Dream 한반도 대운하 - 조병완

_ joycon@hanmail.net
현직 _ 한양대학교 토목공학과 교수
_ 산학연 기술협력센터장
_ 유비쿼터스 미래도시학회 회장
_ 유비쿼터스 최고위과정 원장
_ 한국방재협회 유비쿼터스 방재위원장
_ Global U-City Hub 연구소장
_ 국제 유비쿼터스 관리사
학력 _ 한양대학교 공학과 졸업
_ 오하이오대학교대학원 공학 석사
_ 플로리다대학교대학원 공학 박사
주요 경력 _ 건설교통부 설계심의위원
_ 한양대학교 산학연 기술협력센터장
_ 해양수산부 설계심의위원
_ 감사원 공사감사 자문위원
_ 서울특별시 건설기술 심의위원
주요 저서 _ 「유비쿼터스 미래도시공학」, 한양대토목공학과, 2007 「유비쿼터스 첨단건설공학」,
한양대토목공학과, 2005 「첨단친환경도시(U-Eco City) 특론」한양대토목공학과, 2007
「한반도 대운하는 부강한 나라를 만드는 물길이다」(공저), 경덕출판사, 2007 등 다수

11. 기적의 역사는 다시 쓰여진다 - 장성철

_ hopejang@dreamwiz.com

현직 _ 국제성공학 연구소 소장

학력 _ 서강대학교 경영대학원 MBA(경영학 석사)

_ 인하대학교 경영대학원 Ph,D중/인사조직, 연세대학교 언론홍보대학원 최고위과정 11기

주요 경력 _ 호원대학교 무역경영학과 겸임교수

주요저서 _「최고인맥을 활용하는 35가지 비결」(공저), 모아북스, 2006

「재미있게 일하는 301가지 방법」(역), 물푸레, 2001

「고객을 쫓는 세일즈맨, 고객을 이끄는 세일즈맨」(공저), 물푸레, 2001

「마인드 수업」개미와 베짱이, 2006

참/고/도/서

•
•
•

[도서]

「일류국가 희망공동체 대한민국」, 한나라당 지음 / 북마크, 2007

「대한민국 대운하 프로젝트」, 이병담, 노창균, 신종호, 김갑렬, 김기식 공저, 모아북스, 2007

「한반도 대운하는 부강한 나라를 만드는 물길이다」, 한반도대운하연구회 지음, 경덕출판사, 2007

「PAN-KOREA GRAND WATERWAY と」, 한반도대운하연구회, 2007

「자연과 타협하기」, 리오 패니치, 콜린 레이스 엮음 허남혁 외 옮김, 필맥, 2007

「신 실용주의로 세계 일류국가 만들기」, 김경원, 김진홍, 김종복, 박남현, 윤제영, 이헌경, 임양택, 말과창조사

「환경동네 이야기」, 신현국, 리즈앤북, 2004

「물길따라 가는 대한민국 자전거 여행」, 이재오 외 지음, 중앙books, 2007

「부국환경담론」, 박석순, 사닥다리, 2007

「환경 대통령」, 신현국, 다문, 2007

「두바이 기적의 리더십」, 최홍섭, WD미디어, 2006

[그 외 잡지 및 신문 인터넷 자료]

Weekly 조선, 2007년 10월 29일 1977호

Weekly 조선, 2007년 11월 05일 1978호

월간조선, 2008년 1월호

중앙 Sunday Focus, 2007년 12월 30일 42호

유럽문화 방문기/운하와사람들-2007.11월/이미순

독일문화체험기/운하와 사람들-2007.11월/하상안

시사저널 스페셜 리포트, 2008년 1월 1일

다음, 네이버, 야후

한반도대운하연구회, www.waterway.or.kr

미리보는 대운하 조감도

행주터미널
춘천
여주
여주터미널
충주
충주터미널
청주
문경
문경터미널
상주
대전
상주터미널
구미
구미터미널
대구터미널
대구
정읍
밀양터미널
광주터미널
광주
부산
나주터미널
목포

대운하가 완성된 조감도

한강하류운하

금강 운하

팔당댐의 대운하 전(위)과 후(아래)

상주 승강기의 대운하 전(위)과 후(아래)

상주 낙동강의 대운하 전(위)과 후(아래)

문장대의 소형댐 전(위)과 후(아래)

대구 금호강의 대운하 전(위)과 후(아래)

대구 구미공단의 대운하 전(위)과 후(아래)

괴산댐 칠성 저수지 소형댐 전(위)과 후(아래)

광주 내만의 대운하 전(위)과 후(아래)

세계운하의 예

영국 그랜드유니온 캐널

중국 장강 바지선

네덜란드 암스테르담 도심부

네덜란드 암스테르담 환승장

네덜란드 라이덴

네덜란드 암스테르담 부근

네덜란드 개폐식 다리

네덜란드 암스테르담

독일 뉘렌베르크 1

독일 뉘렌베르크 2

오스트리아 잘츠부르크

이탈리아 이랑토다리

독일 니더피노우

벨기에 샤를루아

벨기에 스트레피-티유

물길과 함께하는 친환경 미래의 실현

한반도대운하 희망스토리

1판 1쇄 발행 · 2008년 04월 14일
지은이 · 한반도대운하연구회
발행인 · 이용길
발행처 · **개미와베짱이**
총괄기획 · 정윤상   **편집위원** · 최성배   **홍보** · 안희섭
영업 · 권계식   **관리** · 윤재현   **본문 디자인** · 이룸

출판등록번호 · 제 396-2004-000095호
등록일자 · 2004.11.9
등록된 곳 · 경기도 고양시 일산구 백석동 1332-1 레이크하임 404호
대표 전화 · 0505-627-9784   **팩스** · 031-902-5236

ISBN 978-89-92509-12-X 03300